FACE

臉型診斷
×
骨架身形
×
命定色彩

TYPE

專業形象顧問
告訴你適用一生的
不敗穿搭術

劉怡君（光頤老師）———— 著

COLOR

推薦序

　　這幾年天災頻傳，環保與永續的議題成為世界的共識。然而服裝時尚產業是全球第二大汙染工業，各企業為了不斷成長的迷思，周而復始的製造更多的服裝，並透過各種行銷手段刺激及引誘消費者購買，造成很高比例衝動性不適合自己的消費；緊接著，它們的命運就是被丟棄成為垃圾，不但造成資源的浪費，更衝擊到地球的存續！因此，如何依照「個人特質」，選擇適合自己的「穿」、「搭」，穿出「品味」與「美感」，應是每個人的目標與願望。

　　怡君在服裝界有二十幾年以上的資深資歷，也是臺灣第一位「日本上級骨架診斷時尚顧問」的合格講師，並具有「臉型診斷顧問」、「個人基因色彩顧問」等專業證照，這些背景讓她整合了日本的「骨架身形分析」、「臉型診斷」與「命定好感色彩」。她用非常淺顯易懂的方式，讓每個人的「個人特質」，透過「穿」、「搭」得以彰顯！

　　不合宜的穿搭或不知如何穿搭的問題，常常困擾著大部分的人，看似很艱深的學問，裡面包括樣式、顏

色、材質、身形、臉型及皮膚顏色等等變數千變萬化；然而實際上透過有系統地整理、歸納與整合後，就會條理分明。怡君這本著作就是把所有經驗與專業整合，讓大家一目了然，快速找到自己的時尚基因。

法國女人的穿搭被公認是最有品味的，但她們衣服的數量其實非常有限：十件主要衣服，再加一些穿時搭配的物件就能千變萬化。讓怡君的《臉型診斷 × 骨架身形 × 命定色彩：專業形象顧問告訴你適用一生的不敗穿搭術》，打通穿搭的任督二脈，不但能有法國女人那般品味，也能為自己省下不少不必要花費的錢，更重要的是為這地球盡一分心力。

輔仁大學織品服裝學院　創院院長

蔡淑梨 教授

推薦序

　　認識怡君是在台師大樂活 EMBA 課堂上，如同一般人聽到樂活的時候可能都會以為是些七老八十的長者在讀，我要藉此利用這個版面澄清一下：台師大樂活 EMBA 除了歡迎七老八十的長者來學習外，更多的是像我、像怡君時值中壯年，對生命有滿腔熱血，對專業永續堅持的專業經理人來就讀。猶記得第一次聽怡君分享，她說希望能藉由對時尚的專業，為樂齡人士找到屬於自己的時尚 DNA。說來慚愧，我雖在時尚媒體產業服務多年，但對於找到時尚 DNA 這回事還真的沒有任何見解，每每遇到時裝週或是什麼國外的設計師有全新的一季設計，就像是喊水結冰，一窩蜂地讓許多消費者趨之若鶩，例如有一年特流行 Oversize 的西裝外套，就可以觀察路上來來往往的路人都穿著 Oversize 的西裝外套，彷彿只要將這些流行元素披掛上陣，就等同於擁有了這一季的時尚 DNA 了，殊不知這些元素並不合適每個人，更別說整體的造型不僅要有合宜的服飾外，更要有細緻的搭配，拿捏住髮型、配件、彩妝，甚至是色彩的安排等，說來簡單，但其實是一門「全形象管理」的學問。

所以當我看到怡君的文稿大為驚喜，因為怡君將其在日本留學的精髓，化為淺顯易懂的文字，再搭配上系統性的分析，將「穿」與「搭」透過三階段訣竅：「臉型診斷」、「骨架身形」、「命定色彩」，讓讀者能循序漸進找到屬於自己的時尚 DNA，同時選擇最適特質的穿搭，展現自我的優點，讓自己的形象加分。

　　在這個凡事爭取「眼球」才能吸睛的年代，能夠找到合適自己的時尚 DNA，進而建立良好的第一印象，絕對是對自己最上算的投資，就算不在意別人的目光，但看到鏡中時尚得體的自己，絕對是建立自信形象的首要關鍵！

台灣赫斯特媒體集團發行人暨營運長
(ELLE、Harper's Bazaar、Cosmopolitan 等雜誌)

楊欣怡

台灣人的觀點，台灣人的穿搭書

● 穿搭是可以學習嗎？

現在網路上學穿搭的知識很便利，資訊隨手可得，雖然方便但我也因此常常聽到學生分享他們的困擾：

「分享的人雖然講得很棒，但都是跟我差異很大的美女。」

「很多都是個人經驗，無法套用在我身上。」

一個人的經驗無法套用在自己身上，但一群人的經驗呢？當一群人的經驗被系統地整理出來，並且反覆驗證有效，就能建構成多數人都能使用的穿搭學習法。

日本就發展了三大穿搭知識系統，「顏分析」、「骨架分析」、「色彩分析」。我們可以透過顏分析知道最適合自己的髮型、飾品；透過骨架分析，掌握最適合自己的身形的服裝，達到平衡協調；色彩分析讓我們知道最適合自己的色系、彩妝、髮色。

現在，你可能會想：「哇！要學習的也太多了吧～」「如果要去日本學，首先要從日文開始吧！」不用！因為有一個人已經幫我們把知識帶回台灣，並且開始落地教學，那個人就是——Hikari 老師。

她就是這樣得天獨厚的存在，不僅精通日文，在日本學會「顏分析」、「骨架分析」、「色彩分析」，同時也是臺灣第一位「日本上級骨架診斷時尚顧問」的合格講師，更有二十幾年服裝界的資歷，以及資深的形象顧問經驗，所以她能分享的比一般造型師更多，例如本書中的骨架分析的面料材質推薦，足以看出她扎實的服裝知識。

● 學習成效如何？

「拿起衣服不靠機運，是拿起自信和底氣。」一般人很久沒買衣服後，可能逛街試穿 10 件都不一定能找到 1 件，也就是一成不到的機率可找到適合的衣服，而我能讓準確率達到五成。

即便如此，我僅僅只是與 Hikari 老師學習三大系統之一的骨架分析就能進步到八成，而且客戶很明顯的感受到改變之外，也能開發出新的服裝風格領域，因此我對於這套集結眾人經驗和智慧的知識體系佩服得五體投地。

現在，你有機會透過這本書，一次體驗到三大知識系統，「顏分析」、「骨架分析」、「色彩分析」並且透過此書中大量的自我檢測，更了解自己，讓自己每一次的購買，不再是機運，而是自信與底氣！

● 台灣人的觀點，台灣人的穿搭書

你可能會想，剛剛我說 Hikari 老師從日本學習「顏分析」、「骨架分析」、「色彩分析」，並且撰寫這本書，為什麼標題是台灣人的觀點，台灣人的穿搭書？

這就是 Hikari 老師的另一個優勢 —— 豐富的形象教學資歷，因此她深知多數台灣人學習後會有的困惑，而這個困惑一定是很在地性的需求，是其他國籍的形象

顧問無法在書籍回應的，因此你會從她的文字中看到，規則外的彈性應變方法。

　　總結來說，如果你想要學習穿搭，但不想要花太多時間摸索，翻閱這本書的你，真是做了一個對的選擇。而如果你是專業的形象顧問，這一本書也會讓你有所收穫。

　　期待看到此的你，就像 Hikari 老師對這本書的期許一樣，幫助每個階段的你，找到理想中的自己，並衷心喜歡自己的樣子。

　　祝福你，找自己愉快。

衣櫥醫生®品牌負責人

賴庭荷

contents

Chapter 1
全齡女子服裝相談室！

Chapter 2
決定合適穿搭的「三大準則」——
打造全形象管理術！

Lesson 1　從頭開始改變？先靠臉吃飯吧！

Lesson 2　「骨架身形穿搭術」

Lesson 3　魅力決戰
　　　　　完勝由「命定好感色彩」來決定！

Chapter 3
塑造理想形象

前言

這是一本不光教你怎麼穿、怎麼搭的工具書,而是帶你找到屬於自己的時尚基因,打通你「穿」與「搭」的任督二脈。

說起穿衣的主張,行走在服裝業界資歷二十幾年,一路上遇到各種穿搭問題。自己的穿搭功夫也主觀地比劃了好多年,直到近年在日本學習「骨架身形分析」、「臉型診斷」及「命定好感色彩」後,才突然抓到「個人特質」的穿衣訣竅。開竅就像按下一顆開關般,瞬間一路開綠燈。我常在想若有人可以提早解答這些,那該多好!的確,實際上,一個人需要的衣服基本上不多;衣服的數量與顏色太多,反而會造成穿搭出現更多的選擇障礙而已。當然大家千萬別誤會我的意思,以為我要勸你過無彩人生;只是服裝品味是一輩子的事,若讀者覺得自己一時無法決定該如何搭配,請試著按照書中

的路徑練習看看，你自然會從中領悟並延伸出自己的想法。

衣服從小穿到大，還真的是一門值得我們女性終身學習的好玩學問。我在教學的過程中，我發現大家喜歡的衣服並不一定真的能讓自己美，最大的原因在於不了解自己，最常聽學員說：「不知道自己適合什麼？」也常被問「配色有無眉角？」有的！「穿搭有無技法？」有的！但這些路徑都是既定的，需要靠你的品味與美感來轉動並活用它。對於想要改變自己，卻苦於不知如何開始的人，我建議不如透過這本書三階段的「全形象管理」來整合自身，訣竅只有三項：

「第一階段」先透過「臉型診斷」，找出與臉部氛圍相襯的髮型、耳環、眼鏡、帽子等，修飾臉型且能突顯自己的五官特長。

「第二階段」藉了解自身的「骨架身形」，去選擇最能發揮個人身形特質之服裝與配件之穿搭，塑造自我整體風格。

「第三階段」再依個人「命定色彩」之好感軸心色系為準則，挑選適合的服飾色彩、髮色、妝容之配色。

利用這三項準則之綜合分析，讓每個人都能意識到自己獨特的迷人之處，學會如何自信地突顯自身的特質魅力，選出能展現妳個人魅力的服裝，「揚長避短」讓自己看起來時尚愉悅、心情滿分，並帶來幸福人生的連鎖效應。

我要特別感謝母校輔大織品服裝學院創院院長蔡淑梨教授，百忙之中針對此書的架構與內容殷切指導；也非常感恩留日期間在アイシービースクール學校創辦人，也就是「一般社團法人 ICBI 骨架診斷時尚顧問協會」（一般社団法人 ICBI 骨格診断アナリスト協会）代表理事長二神弓子先生的專業教授；及「一般社團法人日本臉型診斷協會」（一般社団法人日本顔タイプ診断協会）代表理事長岡田実子先生的監修指導，增添此書的無上光彩；當然，還有太多的師長、貴人及前輩們協助，皆都無法一一答謝。

穿搭真的是一件很有趣的事，雖然我自己是服裝設計本科畢業，也經歷過人生好幾個學習階段的進化歷程。知名美學大師蔣勳先生曾說：「活得像個人，才能看到美」。我們的視野可以透過穿搭來開啟，自己的世界能因為穿搭而改變，所以穿搭的力量不單只是為了讓

自己更有自信、更好看而已。時尚屬於每個人，不管您現在是 20、40、60 歲……，我都希望能透過本書，幫助每一個階段的您，找到理想中的自己，並衷心喜歡自己的樣子。

決定合適穿搭的「三大準則」，
打造全形象管理術！

　　你覺得自己擅長打扮嗎？從「透過五官臉型診斷、骨架身形分析及個人命定好感色彩診斷為準則的服裝穿搭，並延伸至髮色、髮型、化妝的全形象管理」之時尚法則，近期在日本、韓國造成話題且頻繁地在不同的女性雜誌刊載露出，可看出讀者熱切的關注度與高漲的反應度。而這應用美學簡單地說，就是找出**適合自己的色系範圍＋了解自身的骨架＋五官氛圍印象＝最適特質之穿搭**，以展現自我之優點，讓自己的形象加分、魅力Up。各百貨公司也緊扣、依附以上三大主題，針對 VIP 舉辦相關診斷活動；並依診斷結果推薦客人適合的服裝品牌或搭配的配件、鞋等，後續再延伸出對產品選購的服務，延伸不同的購物體驗；而這全新的企劃概念也直接刺激了顧客的購買慾。

以上，除了在時尚界或成衣業應用活絡外，美甲及髮型沙龍也有此新服務。想當然耳也延燒到男性市場，更擴充至婚紗界，利用此原理協助新嫁娘挑選此生最重要的婚紗。總之，結合這三大主題的風潮已蔚為日本正流行的整體穿搭依據與準則。

我是台灣第一位在日本拿到相關證照與合格講師認證的人，現在將它們結合成這本書。我常笑說除了眼力與配色美感的基礎訓練外，還要有「看人無數」、「摸人無數」的多重經驗累積，怎麼說呢？透過對不同人的測色過程中，訓練眼睛對色彩的感受與覺知，眼目學習清楚辨色，並正確快速地幫人找出適合的個人好感色彩。而摸人無數則是上帝造人的恩典，世上沒有一個人的身形與構造是百分百相同的，比方說人的骨架是由約 200 根骨頭所架構而成，即使是相同的身高與體重，骨架的大小構造、身體的線條與肌肉質感表現也不同。舉例來說，若兩人經診斷後，屬相同色系、骨架與臉型，仍會因個性、屬性不同或生活環境、年齡等社會角色，來調整真正適合自己的時尚基因。**依不同的類型屬性，因人適地提出穿搭建議**，這才是診斷後續最重要的事。

利用日本三大形象美學的應用系統準則：「臉型診

斷」、「骨架身形分析」、「命定好感色彩」，相信誰
都可以找出最有魅力的自己！

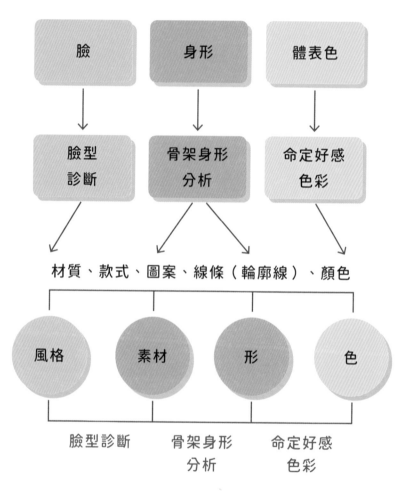

▲日本流行的整體穿搭依據與準則

臉型診斷

骨架身形分析

命定好感色彩

▲ 日本三大美學系統準則

本書透過三大美學系統理論，應用服裝五大元素：「材質」、「款式」、「圖案」、「線條（服裝外型輪廓線）」及「顏色」，找出最適合個人的「風格（Taste）」、「素材（Fabric）」、「形（Style）」、「顏色（Color）」的造型關鍵：

準則一
臉型診斷系統（顔タイプ診断／Face Type）

解析「八大臉型」的特色，再依個人化的「臉型診斷」結果，導引出最能烘托自己臉型特色的髮型設計，並選擇與臉型比例相得益彰的配件（如耳環、帽子、眼鏡等），讓美麗由「臉」開始！

準則二
骨架身形分析系統（骨格診断／Framework）

全方位解析「三大骨架身形」特色的時尚穿搭術，再依個人化的「骨架身形診斷」結果，導引出最適合自己身形的穿衣風格，調整最理想的穿衣比例，讓身材線條更具平衡優美感，並依不同場合，搭配最能展現個

人輪廓外型特質之服裝素材及配件 （如項鍊、鞋、包等），輕鬆塑造自我「風格」！

準則三
命定好感色彩系統（パーソナルカラー／
Personal Color）

了解最適合自己的核心「命定好感色系」範圍，找出最能襯托個人膚色特質的色系，提出最亮眼的服飾色彩、髮色與彩妝色的整體建議，突顯個人的好感特質，力求善用色彩魔法塑造自己的特「色」！

適宜的外在形象就如同交出的名片，在各大場合都能透過合宜穿搭，給人留下良好的第一印象；只要在裝扮中結合以上三大形象美學應用系統為準則，就能自然地改變形象。透過個人專屬的時尚基因「臉型 × 骨架 × 好感色系」分析所導出之結果，就能輕輕鬆鬆地做好從頭到腳的「全形象管理」規劃，從挑款式、布料（材質）、配件、髮色（型）、妝容等，打造專屬之時尚風格，成為你終生受用的最強形象穿搭術。

CHAPTER

1

全齡女子

服裝相談室！

穿搭不是為了遮醜，而是要展現出更好的自己。

俗話説：「人靠衣裳，馬靠鞍。」一個人的衣著反映其人生樣態；一個人過得好不好，往往看他的穿著就知道了。

穿搭不只是妝點外在，更重要的是使自己在生命的歷程中，更加了解自己，清楚知道自己穿搭的重點，做一位了解自己的人，將自身優點表現出來，就已經成功踏上時尚之路了。

▌人生服裝相談室

話説我的學員年齡層，從十來歲青春期的國中小女生，到後青春期九十幾歲的阿嬤都有，充斥各年齡層，因身心靈與外型的變化，角色的生命歷程不同，想當然會有不同的穿搭需求，而這需求也依年齡出現反差。年輕時的穿搭總想作最獨特、最亮眼的星星，對美的追求飆至最高點；邁入年老時，放開了想獲得別人讚美和認可的枷鎖，美不美是其次，以讓自己開心高興為主，以舒服、實穿最重要。

人生階段各有不同的變化，在每個階段中，服裝均發揮了極大的影響力，衣服、形象與人的命運息息相關。以下就女人的一生，分為五階段來談服裝對自我認知及角色呈現之歷程。不管你目前在哪個階段，都可跟隨這本書，用衣服來解讀人生並重獲穿搭自由！

年齡階段	人生處境	穿搭重點
20 ～ 30	塑形成長期 · 初入職場，尋找自我定位	穿著得體
30 ～ 40	光明獨立期 · 社會中堅菁英份子	穿著自信
40 ～ 50	成熟豐饒期 · 多元角色，接受身形的變化	穿著有型
50 ～ 60	能量共振期 · 準備交接與傳承	穿出質感
60 ～	後青春期 · 接受老化，破舊立新	穿出自我

*20 〜 30*歲

塑形成長期

🔍 **人生處境：初入職場，尋找自我定位**

🔍 **穿搭重點：穿著得體**

　　正值畢業預備求職，此時，「穿著得體」便非常重要。服裝就像名片一樣，是除了談吐外，給人的第一印象。「穿著得體是一種禮貌。」服裝設計師湯姆・福特（Tom Ford）說。穿著符合面試角色的形象，正所謂架式壯膽氣，外在形象必須要有處在同行業界的感覺；時尚設計師繆西亞・普拉達（Miuccia Prada）說：「你的穿著便是你向世界展示自己的方式，尤其在今日，當人們的交流短暫而快速，裝扮是迎面而來的語言。」這就是穿衣的態度，第一印象決定一切，你用什麼樣的規格去面對，這件事就會變成如何，故適宜得體的穿搭，絕對可以讓你在職場的形象更加分。

30 ～ 40歲

光明獨立期

🔍 人生處境：社會中堅菁英份子

🔍 穿搭重點：穿出自信

　　此階段的女性處於安身立業期，即經濟與情感皆獨立自主，除了在職場上的努力有好成績外，身分的轉換或家庭結構的改變，如結婚、生子所造成的身心變化或暫離職場走向家庭……。此年齡層的朋友追求自我認同（敞開與接納）；很多人會利用下班時間學習新事物，開放與擴大自己。此時善用服裝，連結自我與外界的關係，可以穿上令你感覺愉悅或有力量的服飾；透過穿著更了解自己，覺察自己的情緒，提高生活品味及美感，由內而外看起來堅定「有自信」，讓你的生活有動力，氣勢滿滿走路有風。

*40 ～ 50*歲

成熟豐饒期

🔍 **人生處境：多元角色，接受身形的變化**

🔍 **穿搭重點：穿著有型**

　　多元角色促使身心靈的成熟度在此時達至最顛峰，也是人生盛開之時。但因著代謝慢慢變差，難免胳臂、腰肢變粗，身形增加肥厚感，開始遇到身形改變以及過往衣服不再適合的窘境，所以穿著有型、能修飾身形或看起來顯瘦、有精神，就是此階段極為重要的需求了。千萬不要只想用寬鬆衣物來遮肉，不僅無法成功還顯胖，「垮垮的運動褲是失敗的象徵。你會買運動褲，代表你對自己的生活失去了控制。」時尚老佛爺拉格斐（Karl Lagerfeld）如是說。多關心自己的身心，不讓身材無限放大，選購服裝時從「版型」及「剪裁」著手，先判斷這兩元素是否合適，且多到實體店面試穿，才知版型有無修飾到自己介意的地方。

50 ～ 60 歲
能量再生與共振期

🔍 **人生處境：準備交接與傳承**

🔍 **穿搭重點：穿出質感**

　　歷經更年期的蛻變與重生，放下對女性身分（好媽媽、好妻子、好女兒……）責任的執著，淨化再精煉，產生新的 2.0 超能量，準備轉換第三人生，迎接新角色的來臨，交接、傳承與再生！傳奇服裝設計師克里斯汀‧迪奧（Christian Dior）先生金句：「不需要購買太多，但必須確保所買的東西是好的。」，其實時裝最首要的祕訣是「貴精不貴多」，寧願在有限的預算裡消費，服飾買精而不需買多，有沒有牌子都沒關係，魔鬼就在細節裡，挑做工（縫線車工）精細、面料質感屬上層的經典基本款，都是彰顯氣質與提升整體質感的重要元素之一。

60歲以上

後青春逍遙期

🔍 **人生處境：接受老化，破舊立新**

🔍 **穿搭重點：穿出自我**

　　人生年輪自然產出的「皺紋、斑點、白髮」，是歲月送給我們的大禮，人人皆有，無須把它們視為大敵而去抗拒轉化。接受它，將「皺紋、斑點、白髮」視為年長者的專屬帥氣，迷你裙之母「瑪莉官」（Mary Quant）經典語錄：「我們所認識的時尚已經結束了；人們現在想怎麼穿就怎麼穿」。正呼應此時期自成一格、「穿出自我」的氣魄，凡事自己說了算，穿自己喜歡的衣服，風格由自己來定義，舊了換新、破了再生，享受打扮的樂趣！自由自在但不偏離正道，再創自己的後青春逍遙期。

以上，隨著生活方式和人生角色的改變，配合年齡去持續更新合適的裝扮，即使歲月為我們的年輪增加了皺紋、疤痕甚至外型變化，經由三大分析所導出的類型，仍是我們女性終身受用的穿搭基本準則。讓我們穿出與內心呼應、年齡相應的大人式優雅品味的裝扮吧！

決定合適穿搭的「三大準則」

—— 打造全形象管理術！

Lesson 1

從頭開始改變？
先靠臉吃飯吧！

▋臉型診斷——解析個人風格意象密碼

　　人與人見面相會時，第一印象看的便是「臉」！演藝人員是「靠臉吃飯」的行業，要想讓觀眾留下深刻印象，便從「臉」開始！

　　我們的五官帶給人什麼印象，有些人看起來「很兇、犀利、高冷、有距離感」，或者「看起來可愛、和善、親切零距離」，在尚未開口說話前，這就是臉給人的第一印象。我相信有人會因為「臉型」而在生活中產生困惑，明明個性溫和，卻有著大家不敢靠近、生來就比較酷的方臉……，又或者是一臉孩子氣的娃娃圓臉，

無法給人事業上的信賴感等……，該怎麼辦呢？如果自己想要呈現的外在形象和臉型散發出的氣息氛圍類型不同，那麼可以從臉部著手，加上彩妝及髮型和整體穿搭來做形象的改變。

何謂臉型診斷？
（顔タイプ診斷／ Face Type）

　　未學習「臉型診斷」前，對於自己是「什麼臉型、適合什麼樣的髮型」，長期以來我非常困惑……。

　　只知自己頭扁、髮絲細、額頭高、尖下巴等之外，每每想要改變髮型，總反覆地上網搜尋明星、網紅或跟風目前流行的髮型；又或者是在髮廊裡閱讀著與髮型相關的雜誌，然後指著喜歡的圖片跟髮型師說「我要像她一樣」……，但燙好後心裡又嘀咕著：「怎與圖片上的麻豆差那麼多啊……」，然後大失所望無限循環……。

　　不知大家是否和我有一樣類似的經驗：只知道自己喜歡這個，卻不知什麼髮型適合自己。而市面上常見的臉型相關文章，僅大概粗略地以鵝蛋臉、方臉、長臉、

圓臉、倒三角臉等做區分，直到我跟隨岡田老師創辦的日本「顏診斷」技術理論後，發現臉型精確的診斷，其實須加上「額頭寬、窄，觀骨高、低，下巴長、短，臉頰豐、瘦，側臉線條，鼻樑高、低及五官大、小與配置比例」……等諸多因素，本書引用「一般社團法人日本臉型診斷協會」（一般社団法人日本顏タイプ診断協会）的結果，綜合區分出八大類型如下：

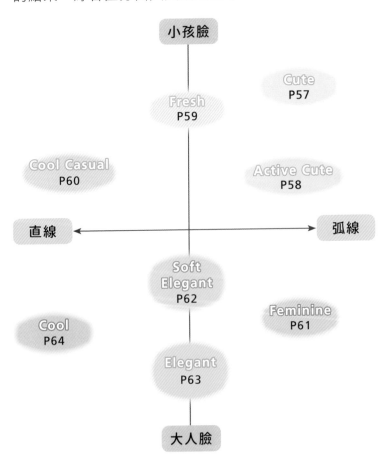

小孩臉

4 Types

小孩臉 × 弧線型　❶ Cute 可愛甜美型

　　　　　　　　　❷ Active Cute 活潑俏皮型

小孩臉 × 綜合型　❸ Fresh 開朗伶俐型

小孩臉 × 直線型　❹ Cool Casual 清新酷弟型

代表藝人

· 中港台女星代表：元元、
  王瞳、吳婉君、李佳穎、
  曾寶儀、楊小黎、蔡燦
  得、趙麗穎等人。

· 韓國女星代表：金裕貞、
  文瑾瑩、具惠善、趙秀
  敏等人。

大人臉

4 Types

大人臉 × 弧線型	❺ Feminine 嬌美華麗型
大人臉 × 綜合型	❻ Soft Elegant 溫柔小姊姊型
	❼ Elegant 知性優雅型
大人臉 × 直線型	❽ Cool 高冷都會型

代表藝人

‧ 中港台女星代表：
KIMIKO（林睿君）、田
語安、倪雅倫、余苑綺、
張郁婕、楊乃文、楊謹
華、黃瑄等人。

‧ 韓國女星代表：鄭麗媛、
孔曉振、李寒星等人。

看臉的時代
——了解自己的臉型

　　透過以下兩個診斷步驟，可明確了解自己的臉型走向：

🔍 Step1 臉型分析：
區分你是❶小孩臉型？或大人臉型？

🔍 Step2 臉型輪廓：
區分你是❷弧線型？或直線型？

診斷前準備

❶ 必須預備一面能看到全臉的鏡子。
❷ 有無「上妝」的樣態都沒有關係，並不會影響判斷。
❸ 將前額瀏海夾起，露出乾淨的前額與清楚的髮際線，
　　要能看清楚全臉輪廓為好。

臉型診斷確認重點 Check Sheet

以下項目逐一確認：

Step1

區分你是 A、小孩臉型或 B、大人臉型

以下問題以 A 與 B 來做回答：

👑 *Point1* 臉的長度與臉型輪廓

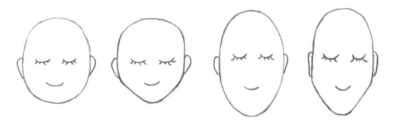

A. 臉型偏短   B. 臉型偏長

▲ 臉的長度與臉型輪廓

☐ A

臉偏短的圓臉或較寬的五角形臉（圓臉、橫長型臉）

代表藝人

- 中港台女星代表：大 S、陳妍希、譚松韻、蔡卓妍（阿sa）等人。
- 韓國女星代表：張娜拉、庭沼珉、南奎麗等人。

☐ B

臉偏長的鵝蛋臉、長臉或較長的五角形臉（鵝蛋臉、長臉、方形臉）

代表藝人

- 中港台女星代表：陳庭妮、吳佩慈、小薰、王思佳、丁寧、百白、梁洛施、隋棠等人。
- 韓國女星代表：徐睿知、鄭秀晶、宣美、申敏兒等人。

♔ *Point 2* 兩眼的眼距

☐ **A**

眼距寬▶

兩眼眼距「大於」單眼長，則屬眼距較寬（表示兩眼之間距離較大）

代表藝人

・中港台女星代表：林襄、林依晨、舒淇、蔡淑臻、周迅、倪妮、林憶蓮等人。

・韓國女星代表：金高銀等人。

☐ **B**

眼距窄▶

兩眼眼距「小於」單眼長，則眼距較窄（表示兩眼之間距離較小）

代表藝人

・中港台女星代表：焦凡凡、陳德容、黃聖依、張柏芝、李菲兒等人。

♛ *Point 3* 臉整體的立體感

☐ A

長相淡雅、面部線條柔和（較偏平面）、五官
清秀乾淨（淡顏）

代表藝人

‧中港台女星代表：六月、桂綸鎂、米可白、邵雨薇、
 Lulu 黃路梓茵、陶晶瑩等人。

‧韓國女星代表：金多美、劉寅娜、秀智、IU、曹寶兒、
 金高銀、盧允瑞等人。

☐ B

輪廓分明（較偏立體）、五官深邃、明豔動人
（濃顏）

代表藝人

‧中港台女星代表：雷加汭、迪麗熱巴、李嘉欣、關之琳、
 楊冪等人。

‧韓國女星代表：NANA（林珍兒）、LISA 等人。

👑 *Point 4* 鼻子的高度

☐ A

山根低陷、微具凹弧、鼻端微翹，曲線較柔和

☐ B

山根挺拔明顯突出、鼻樑高

👑 *Point 5* 下巴的長度

下巴偏短

下巴偏長

☐ A

下巴偏短（臉短者，下巴也偏短）

☐ B

下巴偏長（臉長者，下巴也偏長）

小結

☐ A

選項較多者▶

屬臉偏短、幼態感的**小孩臉型**

☐ B

選項較多者▶

屬臉偏長、成熟感的**大人臉型**

Step2 區分臉的輪廓

C、弧線型（臉型輪廓圓潤）或
D、直線型（顴骨突出、稜角明顯的直線輪廓）

以下問題以 C 與 D 來做回答

♕ *Point 1* 臉部整體的輪廓（臉的形狀）

☐ C

臉圓、膨皮

☐ D

稜角、骨感分明

♕ *Point 2* 臉頰的感覺

☐ C

圓潤、飽滿有肉

☐ D

臉頰缺肉、削直、弧度不明

👑 *Point 3* 眼睛的形狀

☐ C

上下幅度寬，眼圓

☐ D

眼細長

👑 *Point 4* 眉毛的形狀

☐ C

圓弧型彎眉或細、模模糊糊的淡眉

□ D

眉峰明顯的挑眉或成直線的平眉、濃眉，清楚
的眉型

♛ *Point 5* 鼻子的形狀

□ C

鼻頭圓潤

□ D

山根挺立、鼻骨明顯

♔ *Point 6* 嘴唇的厚度

薄唇　　　　　　　厚唇

□ C

厚唇

□ D

薄唇

☐ C

選項 5 ～ 6 個較多者▶

爲弧線型：臉部輪廓線條呈圓弧感（圓臉或鵝蛋臉）

臉部線條整體看起來都是圓形，就算不胖也看起來膨皮、豐潤，圓弧的圓臉人，比較容易給人孩子氣或者比真實年紀年輕的感覺，被形容成娃娃臉，給人可愛、親切、呆萌等惹人憐愛的孩子氣印象。

☐ D

選項 5 ～ 6 個較多者▶

爲直線型：臉部輪廓線條較多稜角感（長臉或五角形臉）

臉部骨感分明、臉頰無肉，比圓臉人多了一些稜角，臉型削瘦、骨骼線條較顯著，給人嚴厲、知性、都會、摩登的成熟大人系印象。

□ D

選項 2 ～ 4 個較多者▶

為混合型

混合型者的臉型，同時具有圓弧線與有些地方偏直線骨感的混合型特徵。

※ 臉型診斷結果整合呈現如下：

【A 選項較多】小孩臉

C 選項 5 ～ 6 個

　⇨「眼睛普通～偏小」Cute

　⇨「眼睛大、眼神有神」Active Cute

D 選項 2 ～ 4 個／混合型　⇨ Fresh

D 選項多 5 ～ 6 個　⇨ Cool Casual

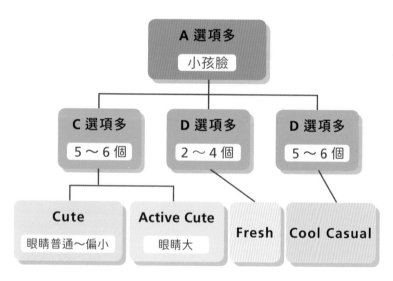

▲ 小孩臉類型

【B 選項較多】大人臉

C 選項 5 ～ 6 個　⇨ Feminine

D 選項 2 ～ 4 個／混合型

　　⇨ 「眼睛普通～偏小」Soft Elegant

　　⇨ 「眼睛大 」Elegant

D 選項多 5 ～ 6 個　⇨ Cool

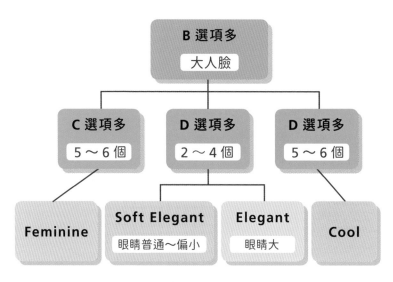

▲ 大人臉類型

你是什麼類型？
八大臉型特質分析

八大臉型分析結果，
以下進一步來做說明：

小孩臉

1 | 小孩臉 × 弧線型 ▶
Cute 可愛甜美型

- 臉型特質印象：可愛、甜美、軟萌、純慾、無害、元氣滿滿。

- 臉的輪廓：短圓臉、圓臉。臉偏短，額頭窄低，臉部輪廓是圓弧彎曲的形狀，臉頰膠原蛋白十足的膨潤臉蛋，嬰兒肥沒有硬角（無骨感），眼、鼻、唇都是柔和的圓線條，下巴較短又飽滿，給人童稚無辜、可愛圓潤的天然少女嬌憨感。

- 眼睛：上下幅度寬、眼圓。

- 鼻子的形狀：鼻頭圓潤。

- 嘴的大小：偏小。

- 下巴長度：較短。

- 意象代表動物：Q 萌羊咩咩。

- 代表名人：陳妍希、譚松韻、趙麗穎、金裕貞（韓）等人。

2 | 小孩臉 × 弧線型▶
Active Cute 活潑俏皮型

- 臉型特質印象：元氣、俏皮、古溜古溜、圓滑 Q 彈、精靈。

- 臉的輪廓：臉偏短，臉蛋圓滑無骨感，側面下巴看起來偏短圓潤，五官偏大，看起來凍齡，像寵物般可愛。

- 眼睛：眼睛大又圓溜，給人靈活生動的感覺。

- 鼻子的形狀：鼻頭圓潤。

- 嘴的大小：偏小。

- 下巴長度：較短。

- 意象代表動物：靈氣小鹿仔。

- 代表名人：陳意涵、張韶涵、張娜拉（韓）、趙秀敏（韓）等人。

3 | 小孩臉 × 混合型 ▶
Fresh 開朗伶俐型

- 臉型特質印象：陽光、可鹽可甜、輕快、鮮明、耐看、清秀、機敏。

- 臉的輪廓：臉偏短，臉型同時具有圓臉曲線與直線的特徵。下顎較寬，臉頰感覺似有肉、有寬度的五角形臉，即使年紀漸長，也比同輩的看起來實際年齡小。

- 眼睛：普通。

- 鼻子的形狀：標準。

- 嘴的大小：小～一般。

- 下巴長度：較短～普通。

- 意象代表動物：機靈敏捷的松鼠。

- 代表名人：何依霈、季芹、陳妍霏、于子育、周迅、周冬雨等人。

4 | 小孩臉 × 直線型▶
Cool Casual 清新酷弟型

- 臉型特質印象：自然率真、日式清新、小男孩（少年感）、孩子氣。

- 臉的輪廓：臉偏短，額頭較寬，顴骨突出，下巴較尖的倒三角形臉或稜角明顯，就像雕刻線條一樣，有骨骼的輪廓，腮幫子顯然較無肉，下顎角較方的五角形短方臉都屬此型。擁有孩子氣清新特質，所以看起來會比實際年紀帶年輕感。

- 眼睛：細長～一般。

- 鼻子的形狀：鼻骨明顯。

- 嘴的大小：偏小～一般。

- 下巴長度：較短～普通。

- 意象代表動物：個性酷小貓。

- 代表名人：柯佳嬿、戴資穎、李宇春等人。

5 | 大人臉 × 弧線型▶
Feminine 嬌美華麗型

- 臉型特質印象：優美、華貴、魅惑、性感、女人味。

- 臉的輪廓：臉微長、細長臉、鵝蛋臉，額頭圓滿，兩頰圓弧輪廓流暢，如飽滿的橢圓蛋形，五官偏大立體，整體臉部看起來成熟溫婉，是充滿女性特質的典型美人類型。

- 臉整體的立體感：偏立體。

- 眼睛：偏大。

- 臉頰感覺：圓潤飽滿。

- 嘴唇厚度：偏厚。

- 意象代表動物：美麗傲嬌的孔雀公主。

- 代表名人：郭雪芙、林志玲、劉亦菲、天心、宋慧喬（韓）、韓孝周（韓）、韓佳人（韓）、潤娥（韓）、崔藝彬（韓）、全智賢（韓）、碧昂絲（Beyoncé）等人。

6 | 大人臉 × 混合型 ▶
Soft Elegant 溫柔小姊姊型

- 臉型特質印象：仙女、文藝、婉約、淡雅、善良、知性。
- 臉的輪廓：臉微長，及有長度的五角形臉都屬此型。
  臉型同時具有圓弧線且有些地方偏直線骨感的混合型
  特徵，五官比例適宜（普通～偏小），臉的整體氣質
  柔和不銳利，不會給他人過多壓力，給人精緻、淡雅、
  內斂、好說話的恬靜感覺。
- 臉整體的立體感：偏立體。
- 鼻子的高度：鼻樑高。
- 眼睛的形狀：細長～普通。
- 臉頰感覺：較無肉。
- 嘴唇厚度：薄～普通。
- 意象代表動物：溫順柔和的
  小白兔。
- 代表名人：簡嫚書、連俞涵、
  章子怡、董潔等人。

7 | 大人臉 × 混合型 ▶ Elegant 知性優雅型

- 臉型特質印象：優雅、成熟、氣質、高貴。
- 臉的輪廓：臉長、有長度的五角形臉型及額頭圓寬（若髮際線有美人尖）類似心形臉，及臉型由上往下變窄、下巴較尖，形成倒三角形，都屬此類型，因同時具有曲線與直線的特徵，看起來不但明豔動人且具大人味的洗鍊成熟氣質。
- 臉整體的立體感：偏長、立體，五官比例大且深邃集中。
- 鼻子的高度：鼻樑高。
- 鼻子的形狀：鼻型立體挺拔。
- 眼睛：眼睛偏大。
- 嘴的大小：偏大。
- 意象代表動物：華貴狐狸姊
- 代表名人：林青霞、陳庭妮、高圓圓、范冰冰、迪麗熱巴、趙薇、楊穎（Angelababy）等人。

8 | 大人臉 × 直線型▶
Cool 高冷都會型

- 臉型特質印象：帥酷、高冷、摩登、瀟灑、銳利、洗鍊。
- 臉的輪廓：長臉或有長度的五角形臉（方下巴）都屬此型。臉型線條十分硬朗分明、筆直、顴骨突出、臉上脂肪很少，臉型因明顯有稜有角的立體骨感輪廓，故極具個性與現代感，給人意志堅定的印象。酷酷的氣場，不講話時看起來沉著、冷冽、嚴苛，顯得比實際年齡看起來更成熟、有智慧、有擔當。
- 臉整體的立體感：偏長、立體、骨骼感重。
- 鼻子的高度：鼻樑高挺如刀刻。
- 眼睛的形狀：較細長。
- 臉頰感覺：無肉、具線條刀削感。
- 嘴唇厚度：薄～普通。
- 意象代表動物：高冷花豹女王。

■ 代表名人：王菲、舒淇、范瑋琪、容祖兒、吳可熙、紀培
　　慧、倪雅倫、余詩曼、杜鵑、劉雯、劉敏濤、安潔莉娜裘
　　莉（Angelina Jolie）、珊卓布拉克（Sandra Bullock）等人。

致謝

以上「臉型診斷」內容為「一般社團法人日本臉型診斷協會」（一
般社団法人日本顔タイプ診断協会）代表理事　岡田実子先生特別
監修指導，特此致謝。

以八大類型的「顏值調性」+「香氣詞藻」⇒調整理想調性！

　　為什麼同樣的髮型，別人比你還好看？當然是因為大家有著不同的臉型。

　　為什麼要區分自己的臉型呢？因為透過臉型，我們能找到最適合自己臉部氛圍的眼鏡、髮型、耳環、帽子……等。對於自己所屬的臉部特徵，想要改變成理想中的形象時，就得透過「顏值調性」這實用分析；不僅可瞬間看出自己的臉型擅長駕馭什麼，又可知和什麼意象調性不搭，快速判斷風格的相似度與差異。而顏值調性的概念與「色相環」很類似，須以鄰近的類型為目標，也就是以「距離最近」、「並排鄰近」的類型之氣質最為類似，可以互相調和來調整形象，最為自然。

　　我們也利用香氣詞藻的氣味來形容八大類型的香味特徵，相鄰的香調（如住在隔壁的鄰居）很適合組在一起，相距較遠者（如住在對面的鄰居）則較少有共同性。對於各種香調的相互關係一目了然，就能恰到好處、輕鬆定位出理想中的調性。

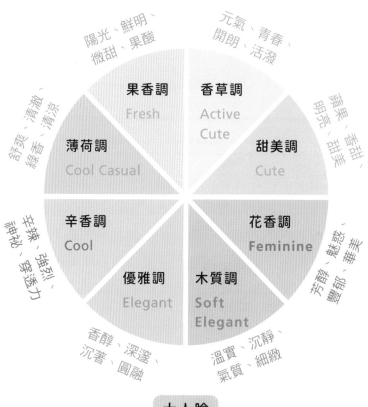

▲ 圖解顏值調性

顏值調性使用的要點

只要記住這些就夠了！

辛香調
Cool

優雅調
Elegant

一、位置【並排緊鄰】：香氣和弦

在顏值調性上並排緊鄰的類型，形象氛圍皆可相互協調。

‧ 舉例：

大人臉 x 直線型的「Cool Type」，若想要收斂原本較為剛硬的冷冽特質，希望加入柔和些的親切氛圍，可以偏向位於右邊類型「Elegant Type」——為具有直線與弧線混合型的風格，所以只要以共同元素「直線」為基底，加入「曲線」元素的單品，轉換華美優雅的風格，便可自然地提升柔和的氛圍。

‧ 以「線型」耳環為例：

「Cool Type」的人原本適合「線型」款耳環（如左圖），也就是以「線條」設計為主的耳環，若想要多點柔美感，可以找以「直線」為基底，加入「曲線」元素設計的耳環（如右圖）。

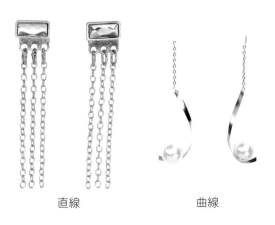

直線　　　　　　　曲線

▲ 直線和曲線耳環

二、位置【兩端相對】：互補對立

在顏值調性上直距對立的類型，與本命特質的魅力類型不同。舉例：

甜美調
Cute

辛香調
Cool

大人臉 x 直線型的「Cool Type」，若想要改處於距離最遠且對立位置的小孩臉 x 弧線型的「Cute Type」型，即想要營造甜美小可愛風，除了因為臉型類型位置距離差異大不適合外，也會與原本天生的特質與魅感有所衝突（因大人臉

對上小孩臉，直線型對上弧線型）。所以，Cool Type 類型的人因骨相突出並不適合裝可愛外，即與本命特質大不同，不但易顯違和感，也顯得勉強與不搭。但若個性偏愛可愛甜美風，建議可以從「粉彩顏色」著手，用一些柔美淡彩的溫柔顏色，來柔焦鈍化臉部的銳利感。

小結

　　經由臉型診斷分析導出的結果類型，天生的特質若與後生的主觀喜愛不同，請在「喜歡」與「適合」的兩者間做一衡量吧！盡量取捨平衡並盡情活用自己擅長的風格吧。

臉型診斷 8 Types ×
4 種意象
Image 風格象限圖

小孩臉

Fresh Image
清新、爽朗、男孩子氣、
俏皮、率性地

Cute Image
可愛、元氣、年輕、
甜美、親和力、孩子氣

甜美調
Cute Type

果香調
Fresh Type

薄荷調
Cool Casual Type

香草調
Active Cute Type

直線 ←　　　　　　　　　　　　　　→ 弧線

木質調
Soft Elegant Type

辛香調
Cool Type

優雅調
Elegant Type

花香調
Feminine Type

Cool Image
冷冽、個性的、成熟、
瀟灑、沉著、大器

Feminine Image
優雅、女性化、迷人的、
性感、華美

大人臉

▲ 四大意象表現風格

知道自己屬於哪種臉型調性後，根據你的五官特點，接下來看看若依 8 Types 可分出四個區塊 Image，也就是依四大意象表現風格來解說，就可以明白「適合」與「不適合」何種風格的理由，請看以下詳細説明，30 秒可快速找出最適合你本質意象的路線。

| 臉型「Cute Type」&「Active Cute Type」|
適合
Cute Image 意象表現風格

1 Cute Type 顏值調性爲甜美調：蘋果、香甜、嬌憨、可愛、明亮。

2 Active Cute Type 顏值調性爲香草調：元氣、青春、開朗、活潑、俏皮。

女孩子氣 × 弧線型是此兩型的特徵，
散發出有活力、親和力的年輕形象。

令人怦然心動的 本命飾品風格

　　五官偏圓，以帶甜味、有圓的元素、弧度的設計，如尺寸小巧、精緻可愛風為佳，滿滿地少女感；不建議太個性化的設計，如骷顱頭或線條感及十字架等較剛硬的直線，與可愛的形象會有衝突違和感。

令人雀躍不已的本命髮型

✔ 短髮

旁分或齊眉的瀏海，燙型不燙捲的豐盈膨膨，帶出自然弧度的短髮就很甜美。

也可打高層次並帶有些微捲度的短髮，捲度是往後、向上的，能夠分散對於圓臉的注意力，讓焦點聚集在髮型上，搭配得以修飾額角的八字瀏海，完全是讓男生心動的「初戀短髮」款式。

✔ 中長髮

適合帶有弧度的柔軟輪廓與臉型最爲相襯。

　　C 字捲的捲度，從髮根開始，一直延伸到髮尾，落
在髮尾的 C 字捲度，隨興的向內或向外，便可平衡臉
部的圓潤感，對圓臉修飾度很高。

✔ 長髮

有瀏海、輕盈不造作的波
浪長髮。

　　非常推薦具少女感的
丸子頭或半扎丸子頭，反
而不適合服貼（貼頭皮）
的直長髮，會暴露圓臉線
條，使臉看起來更圓。

| 臉型混合型「Fresh Type」|

同時適合

Cute Image & *Fresh Image*

兩種意象表現風格

③ Fresh Type 顏值調性為果香調：陽光、鮮明、微甜、果酸。

此為小孩臉且同時具有弧線與直線的混合型，適合的風格範圍較廣，可少女、可率性，可鹽可甜，依個人的形象需求，如職業、年齡、個性、喜愛等去做調整，看自身想要呈現的形象是弧線元素多的「可愛婉約的甜美氣質」（Cute Image），還是直線元素多的「率性、俐落的中性風格」（Fresh Image）皆可以。

適合尺寸偏小～普通為好。

如較偏愛 Cute Image 的可愛甜美風：可加入弧線
元素多的圓弧設計、精巧的柔美單品。

如較偏愛 Fresh Image 的簡約休閒風：則建議以線
條感、看起來簡單大方的設計為佳。

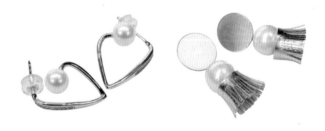

令人雀躍不已的
本命髮型

✔ 短髮

適合以直線爲基底的髮型。

　　若希望有捲度，以鬆軟自然捲度爲好的耳下雲朵燙，感覺更俏麗活潑。推薦短～中長髮的長度最適合，更能襯托此臉型的魅力。

✔ 中長髮

不建議太捲的髮型。

　　耳下髮尾外翻的「Ω」
字短髮，在髮尾的地方做了
更多明顯的層次感，使髮尾
呈現自然微翹，則顯清新可
人。或及肩髮尾燙出外翻C
字捲，增加隨興感，看起來
更加率性。

✔ 長髮

留直髮，微個性日系狼尾剪，

臉周加入內彎層次，下擺則

爲外翹的束感線條，交錯性

的設計帶點隨性感，又甜又

酷的率性風格散發獨特的吸

引魅力，相當迷人；不適合

細捲燙髮。

| 臉型「Cool Casual Type」 |

適合

Fresh Image 意象表現風格

④ Cool Casual Type 顏值調性爲薄荷調：舒爽、清澈、綠香、清涼。

男孩子氣 x 直線型是此型的特徵，
具清爽宜人的俐落感，
自帶簡約不做作的中性特質。

令人怦然心動的
本命飾品風格

推薦尺寸以偏小～普通爲佳。如精巧的、線條感設

計，與款式簡約大方為好，若想展現華麗感，也要避免太過繁複的設計。比起珍珠圓潤感的素材，金屬感材質較剛硬的更為適合。

令人雀躍不已的
本命髮型

✔ 短髮

適合旁分的瀏海，若不想太孩子氣，而想展現出大人

味，可露出額頭。

　　以直線為基底的短髮造型，有日雜風的隨性，呈現
率性清新風格。

✔ 中長髮

適合直線型髮型。

- - - - - - - - - - - - - - - - -

　若希望有捲度也勿
太捲，自然的捲度或髮
尾外翹的外型，就非常
簡潔大方。

✔ 長髮

直式長髮或髮尾稍燙彎度，不適合髮絲捲翹、Q 彈可愛
的綿羊髮型。

- - - - - - - - - - - - - - - - -

| 臉型「Feminine Type」 |

適合

Feminine Image 意象表現風格

⑤ Feminine Type 顏值調性爲花香調：芳醇、
魅惑、豐郁、華美。

浪漫女人味 x 弧線型是此型的特徵，天生具有
華麗、成熟優雅的氣質，擅長裝飾性強或造型
搶眼，帶有華麗感的路線，與太休閒、不講究
線條、寬鬆感的風格格格不入。

　　適合大一點又華麗的耳環，因尺寸太小會感到寂寥，浪費原本的優勢。此類臉型不適合有角度或剛硬、中性化的設計。

令人雀躍不已的
本命髮型

✔ 短髮

可營造有豐盈立體感的後頭部與有弧度、蓬度的鮑伯短髮。

✔ 中長髮

建議燙有捲度（弧度）的髮型。

✔ 長髮

適合女人味、捲翹且波
浪明顯之長髮。

| 臉型「Soft Elegant Type」&「Elegant Type」 |

同時適合

Feminine Image & *Cool Image*

兩種意象表現風格的混合型

6 Soft Elegant Type 顏值調性爲木質調：溫實、沉靜、氣質、細緻。

7 Elegant Type 顏值調性爲優雅調：香醇、深邃、沉著、圓融。

屬大人臉，同時擁有直線與弧線的特徵，兼具高尚與優雅，氣質偏向大人。適合的風格範圍較廣，可依個人的形象需求去定位，或依個性特質與喜愛等元素去做彈性調整。若想要呈現雅緻的優雅形象，則往圓弧曲線元素多的「嬌美華麗型」

（Feminine Image）去呈現，若想多線條、剛毅元素的「沉著、內斂的主管風格」（Cool Image）也可以，端看個人想要的理想形象去做改變。

令人怦然心動的
本命飾品風格

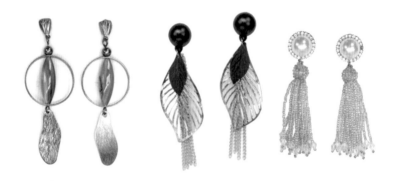

推薦飾品尺寸為「普通～偏大」最好。且非常適合線條感與圓弧感兩種元素同時存在的款式，如垂鍊式（線條）珍珠（圓弧）型、流蘇垂墜式（線條）花朵（圓弧）型等設計。

令人雀躍不已的 本命髮型

✔ 短髮

偏向直線、微弧度的短髮，予人乾脆直爽印象。

✔ 中長髮

露出額頭可營造成熟
氣息，中長度的內彎
捲髮顯得高雅內斂。

✔ 長髮

不適合太過細捲，適
合偏向直線，有適度
波浪感的輪廓。

| 臉型「Cool Type」|
適合
Cool Image 意象表現風格

⑧ Cool Type 顏值調性爲辛香調：辛辣、強烈、神祕、穿透力。

沉著大人味 x 直線型是此型的特徵，適合大方的洗鍊風格，身上特有的迷人率性特質，多了一股酷勁，也非常適合詮釋英挺俊美的花美男路線，扮帥絕對比男人更有型。若想要少一分鋒利，多一點嬌滴柔美氛圍，可在穿搭上加入圓弧元素，如手感柔軟的針織衫、或將簡約的 V 領改爲具女人味的 U 領，增添溫柔感。

推薦尺寸以普通～偏大為好。不推薦尺寸太小（不適合短夾式或耳釘式的耳環，會顯臉更長）及精巧可愛風格的飾品，因為與天生俱來的大人感特質並不對味，適合有菱有角、方形轉折的設計或筆直線條、有存在感的金屬片大器設計。

✔ 短髮

適合直線爲基底的短髮造型，可以媲美男性的帥氣。屬
於有無瀏海皆好看的臉型。

✔ 中長髮

適合旁分斜瀏海，髮尾可

微微內彎。

✔ 長髮

髮尾適合大波浪捲，從

耳下展開的弧度，柔化

兩腮稜角的印象，修飾

過於方正的輪廓，添加

柔和的氣質。

✔ 超長髮

以直線為基底的公主切長度建議落在下顎位置，可以遮蓋修飾菱角輪廓，另外於髮尾夾出微微的彎度，增加圓滑線條後，可修飾整體臉型銳利角度。

Lesson 2
「骨架身形穿搭術」

沒有黃金比例，也能時尚有型！

試問大家出門前，有無以下的穿衣苦惱：

> 穿衣服時，
> 站在衣櫥前，
> 完全沒有想法，不知道
> 要穿什麼較好？

> 衣櫥內明明
> 衣服很多，
> 卻永遠少一件？

> 不了解自己
> 適合什麼？缺什麼？
> 該買什麼？

> 變來變去，但常
> 穿的就是那幾件，
> 掛著沒穿的，還是
> 沒穿？

想當初買的都是
一見鍾情自己喜歡的，
但掛著沒穿，束之高閣
的就有好幾件？

塞在內櫃拉出後，
卻發現吊牌沒剪？

在百貨店櫃試穿時，
明明好漂亮，
回家後，在燈光下
不知為何魅力盡失？

買了限量流行款的
上衣回家，現有的
下半身單品，竟沒有
一件顏色可以互搭？

以上舉出大家常見的例子，不知你中了幾項呢？

我長年在服裝流行產業工作，年輕時也歷經過狂買、亂買的時候，這都 OK，因為我也是從這樣亂花錢買經驗過來的，但若能早一點知道自己真正適合什麼，培養鑑賞的眼光，狂買亂買的程度就會大大降低，就不會起心動念就失誤，反而瘦了荷包胖了衣櫥。而你真正需要的，只是先了解自己的「骨架身形」，學習選擇適合自己的衣服，學會服裝的搭配方法，清楚自己的品味，便可輕鬆判斷自己應該尋找什麼，也可大大降低購買到不合適單品的機率，無需聽從專櫃小姐的舌燦蓮花，心中有主，也能自我正確判斷，做一位精準的消費者，盡情享受穿搭所帶來的樂趣與購物消費的快樂吧。

何謂骨架身形分析
（骨格診斷／Framework）

　　早期我在服裝學校裡，學習到的是「體型」，相信過去大家一定聽過「蘋果型」、「西洋梨型」等用水果來形容外在的體型，但體型如同外在皮囊（皮相），會因為變胖、變瘦，而改變外顯身體的線條；而「骨架分析」（骨相）不會，成年之後，一生只要診斷過一次，結果終生不會再改變。怎麼說呢，骨架分析是依你與生俱來之骨架（與年齡、身高、胖瘦無關），並從身體的質感（肌肉、脂肪的分布）與身體線條的特徵，區分出三種類型（本書乃引用日本一般社團法人 ICBI 骨架診斷時尚顧問協會公式）：

🔍 ❶ Straight Type（本書簡稱 S 型）

🔍 ❷ Wave Type（本書簡稱 W 型）

🔍 ❸ Natural Type（本書簡稱 N 型）

依以上「三大骨架身形類型」分類，來判斷穿什麼才可以顯得更好看，是近期在日本時尚圈很流行的一種診斷搭配準則。

　　人體的骨架大約是由 206 塊骨頭，及超過 200 個關節所組成，骨骼構成了人體的支架，賦予人體一定的外形，所以**先認清自身與生俱來的「骨架粗細」、「關節的大小」等相異之處**，清楚自身是屬於骨架大或小的美女，了解自己的特質，例如**「肌肉的長成特徵」、「脂肪的堆積」**（如：重心在上半身或下半身）、**「質感軟或硬」**（肌肉的張力、彈性與柔軟度等），去導引出如何讓自身呈現出具時尚感的完美身形方法，找出**「適合自身的時尚造型以及穿搭品項」**，即是骨架診斷的效益。

了解自身的骨架身形是通往時尚的快速捷徑

　　相信每個人都想變得「時尚」，但「時尚的人」長什麼模樣呢？其實穿著「適合的衣服」就是邁向時尚的第一步！要快速地通往時尚的捷徑，就得先了解自己的「骨架身形」。**每個人依身體的「肌肉」、「脂肪」、「關節」等特徵，可清楚地分成三種類型。依照分出的結果快速找出最適合自己的服裝穿搭（Fashion Coordination），明白什麼風格能讓自己看起來最有型，呈現出最好看的自己，以「適合自己的風格」作為選擇的基準，這就是通往時尚的捷徑。**總之，衣服是來幫助我們隱惡揚善的，要隱蓋缺點，還不如盡情展現出你自己的優點吧！

　　而了解自己骨架身形，有好多的好處：

知道什麼「不要」、「不買」！

　　清楚知道自己的骨架身形適合什麼穿搭風格後，就不會無所適從地看到什麼都喜歡、什麼都想入手，浪

費的購物行為也會跟著消失，有缺再買，不適合的就不買，守住了荷包，自然可將金錢轉移至其他可以琢磨品味及滋養、提升自己的地方。當然除了能省錢外，也是對環境最大的友善態度！

知道不同場合應要穿些什麼！

運用 T（Time）時間、P（Place）地點、O（Occasion）場合三原則，考量合乎適時、適地、適宜的基本穿搭禮儀。有良好的穿搭樣貌，呈現理想的外在形象。

讓衣櫥只擁有適合你的衣服！

在下手買新衣前，請高標準地用心想一下，這件新衣與衣櫥內的現有衣物，能否搭出三套組合來：若行再買，盡情享受與衣邂逅的緣分；若遲疑、想不出來，沒關係可以先冷靜，回家檢視衣櫥後，再決定是否要入手。有時遇見千載難逢的喜愛珍品，欲衝動購衣前，其實只要多想這一步，有「成套」的穿衣組合概念能夠互搭，相信衣量其實可以不用多，衣盡其用，每天也能搭出新意來。

知道無需盲從流行！

流行可追，但無需盲從。時尚總予人瞬息萬變的流動感，與其隨波逐流，不如找到最適合自己的形象樣貌，「靈活運用」服裝穿搭！

要想擁有個人形象風格，
首要了解自己的骨架身形開始！

一、先做骨架分析，大齡女子也可以有款有型！

依以下 Check Point 循序作答，可簡易歸結出自己的骨架身形，有糾結或難以下決定的部分，也可請閨密好友互看，除目視 Check 外，請一定要互相動手觸摸身體的質感（彈力、柔軟度等），這也是診斷的重點之一，如二頭肌的肌肉質感、手掌的厚薄度等。但觸摸前請先禮貌告知，將要觸碰哪個部位，以免有讓人感覺不愉快、不舒服的狀況發生。

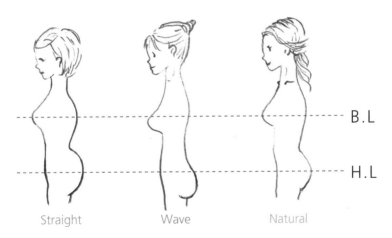

▲ 三種骨架類型的特徵側身圖

從以上三種類型的側身圖，第一條線為胸圍線（Bust Line ╱簡稱 B.L）、第二條線為臀圍線（Hip Line ╱簡稱 H.L），透過這圖可更清楚明瞭三種類型的不同，各型特徵與重點歸納如下：

❶ Straight Type（簡稱 S 型）

上半身較有厚度（重心在上半身），感覺肉感，大部分圓筒身居多，脖頸偏短，鎖骨細緻，胸部厚又立體，胸圍線（B.L）位置較高，胸部到腰部距離短（腰高），臀圍線位置較高（H.L），臀部有肉且渾圓，肌肉質感有彈性與張力。

❷ Wave Type（簡稱 W 型）

上半身薄弱精巧，扁身者居多，脖頸偏長，胸部位置（B.L）較低，胸部到腰距離長（腰較長），臀圍線低（H.L）（重心在下半身），臀部側面看較扁平無肉，肌肉質感如剛出爐的麵包般鬆軟。

❸ Natural Type（簡稱 N 型）

身體比例重心依個人而有差異，雖無特別偏向（並沒有像 S 型及 W 型有明顯的上、下重心），但整身骨頭立體、骨架大，關節明顯粗大，鎖骨明顯，偏骨感。

身體輪廓有如四方形般的框架感，肌肉偏硬，手大、掌肉硬，脖筋與手掌筋條明顯，手指關節立體突出，膝蓋骨大，依整體身長比例來看，腳的尺寸偏大者居多。

透過以上確認，可以掌握自己的骨架身形，進而清楚知道自身適合哪些設計細節與面料材質（素材表現感），可靈活應用服裝穿搭並突顯自身形態之優點，千萬不要只想靠衣服去遮掩缺點，這是不好的觀念：特意去遮掩缺點，還不如自在展現個人整體質感為好，找出適合自己骨架身形之穿搭而不碰 NG 爆雷區，這也是我們要先了解自己骨架的重要因素之一。

二、診斷步驟說明：

❶ 準備工具：

    a. 能看見全身的長鏡。

    b. 最好穿著合身的衣服，較易看見身體的線條。

❷ Check Sheet :

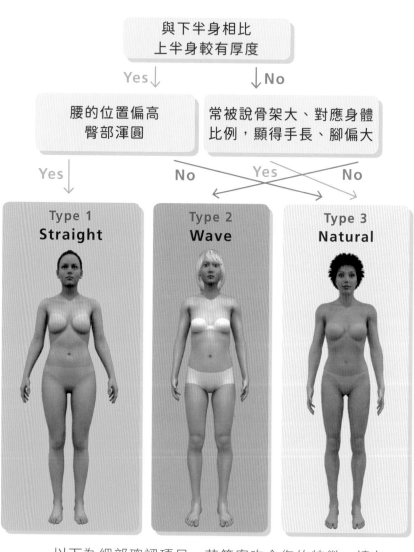

與下半身相比
上半身較有厚度

Yes↓   ↓No

腰的位置偏高
臀部渾圓

常被說骨架大、對應身體
比例,顯得手長、腳偏大

Yes↓   No   Yes   No

Type 1
Straight

Type 2
Wave

Type 3
Natural

以下為細部確認項目,若答案吻合您的特徵,請在
□打勾∨,最後統計哪一個∨數最多,就屬你的骨架類型:

❶ Straight 型特徵（簡稱 S 型）

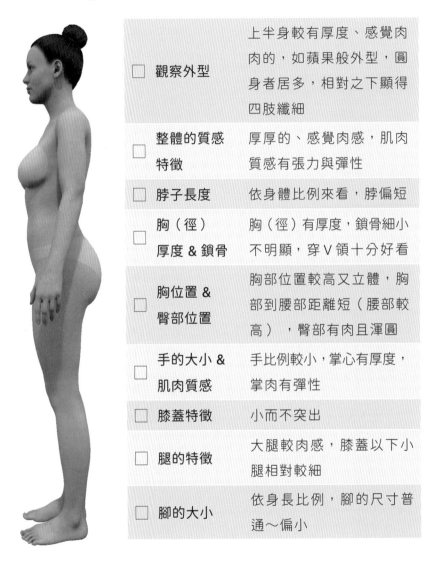

☐	觀察外型	上半身較有厚度、感覺肉肉的，如蘋果般外型，圓身者居多，相對之下顯得四肢纖細
☐	整體的質感特徵	厚厚的、感覺肉感，肌肉質感有張力與彈性
☐	脖子長度	依身體比例來看，脖偏短
☐	胸（徑）厚度 & 鎖骨	胸（徑）有厚度，鎖骨細小不明顯，穿 V 領十分好看
☐	胸位置 & 臀部位置	胸部位置較高又立體，胸部到腰部距離短（腰部較高），臀部有肉且渾圓
☐	手的大小 & 肌肉質感	手比例較小，掌心有厚度，掌肉有彈性
☐	膝蓋特徵	小而不突出
☐	腿的特徵	大腿較肉感，膝蓋以下小腿相對較細
☐	腳的大小	依身長比例，腳的尺寸普通～偏小

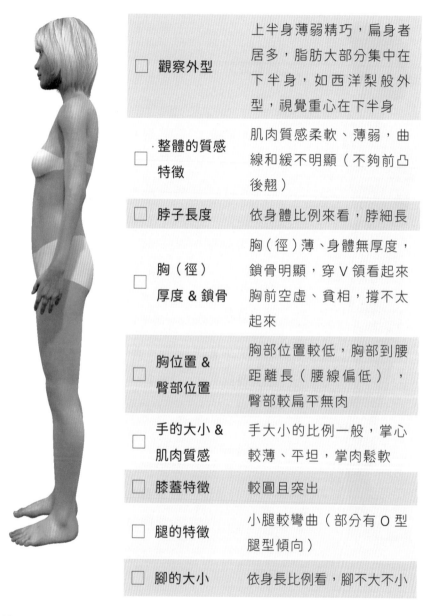

❷ Wave 型特徵（簡稱 W 型）

☐	觀察外型	上半身薄弱精巧，扁身者居多，脂肪大部分集中在下半身，如西洋梨般外型，視覺重心在下半身
☐	整體的質感特徵	肌肉質感柔軟、薄弱，曲線和緩不明顯（不夠前凸後翹）
☐	脖子長度	依身體比例來看，脖細長
☐	胸（徑）厚度 & 鎖骨	胸（徑）薄、身體無厚度，鎖骨明顯，穿 V 領看起來胸前空虛、貧相，撐不太起來
☐	胸位置 & 臀部位置	胸部位置較低，胸部到腰距離長（腰線偏低），臀部較扁平無肉
☐	手的大小 & 肌肉質感	手大小的比例一般，掌心較薄、平坦，掌肉鬆軟
☐	膝蓋特徵	較圓且突出
☐	腿的特徵	小腿較彎曲（部分有 O 型腿型傾向）
☐	腳的大小	依身長比例看，腳不大不小

❸ Natural 型特徵（簡稱 N 型）

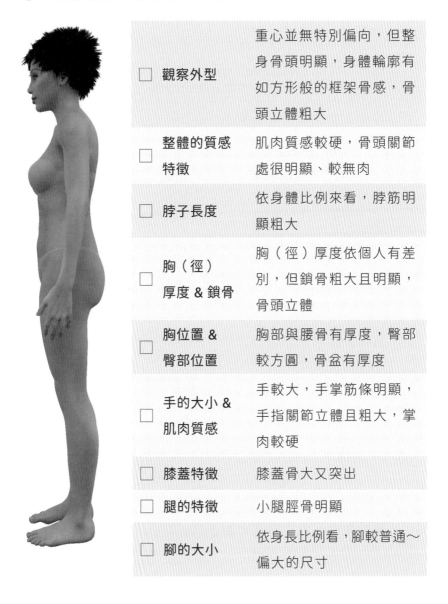

☐	觀察外型	重心並無特別偏向，但整身骨頭明顯，身體輪廓有如方形般的框架骨感，骨頭立體粗大
☐	整體的質感特徵	肌肉質感較硬，骨頭關節處很明顯、較無肉
☐	脖子長度	依身體比例來看，脖筋明顯粗大
☐	胸（徑）厚度 & 鎖骨	胸（徑）厚度依個人有差別，但鎖骨粗大且明顯，骨頭立體
☐	胸位置 & 臀部位置	胸部與腰骨有厚度，臀部較方圓，骨盆有厚度
☐	手的大小 & 肌肉質感	手較大，手掌筋條明顯，手指關節立體且粗大，掌肉較硬
☐	膝蓋特徵	膝蓋骨大又突出
☐	腿的特徵	小腿脛骨明顯
☐	腳的大小	依身長比例看，腳較普通～偏大的尺寸

三、計測結果：

請核算結果：S、W、N 哪一項最多呢？答案勾選最多者，就是您所屬的骨架類型了！其結果特色：

（一）一生都不會改變

成年人一生只需診斷一次，即使之後變胖或變瘦，皆為一樣的診斷結果。例：「骨架」類型不會因瘦身而改變，從原本肉感的 S 型變成骨感的 N 型。

（二）沒有特別說某骨架類型較優與否的問題

就如同時裝伸展台上的模特兒，也有不同的骨架類型，比例好或不好先不說，依個人喜好也各有不同。找到適合你骨架身形的穿搭，就是最好、最聰明的。

（三）即使有些特徵 Mix 到，診斷結果也不會有混合型。

三類型的重點特徵是為診斷過程的依據，也就是該類型應有的典型特質，若你的答案有些特徵感覺不太確定，似乎有些 Mix 到，好像是又好像不是的話，那就取最大公約數，依答案最多者為結果定數，請注意：**診斷結果並不會出現混合型。**

要變得「時尚」，需要怎麼做呢？

一、穿著「適合的衣服」

清楚自己的骨架身形，確立自己適合什麼風格，是最不浪費時間與金錢的聰明購衣準則：即找到適合自己的穿搭並穿出美感，也是自我形象的最佳展現。

二、用骨架身形的穿衣準則來管理自己的衣櫃

適當、適宜的服裝儀容是為了展現更好的自己，透過穿搭而感到愉悅、自信，把自己的「骨架身形」差異考量進去，忘記自己「喜歡」什麼、「執著」什麼，而是專注自己「適合」的裝扮，享受學習與變化，創造自己的理想樣態吧。

三、學會一生受用的穿搭技巧，讓身形比例看起來更完美的「骨架穿搭術」

三種骨架類型各有其推薦的品項與擅長的風格，很有可能會推翻你一直以來討厭的穿著類型或否決你喜愛

的穿著風格也不一定，請你先試著閱讀本書，看完後，再檢視你的衣櫥，你一定可以分辨出「這款衣服設計很適合我穿」、「這件花色或圖紋並不適合我」……，發現哪些衣服可以讓自己更加分，哪些款式讓我顯得很糟糕，心中必然有不同的、新的見解湧現，那就來一場「一生只要一次」的時尚斷捨離祭典吧！減衣練習能讓自己的衣櫥煥然一新，成為漂亮的 Show Room 展示間，打開時身心愉悅、幸福感滿分，宛若女王的衣櫥，而不是只是塞衣服、收藏功能的收納櫃！

三型三準則，
找出專屬自己的穿搭！

透過「骨架三型穿搭準則」，
最適之穿搭重點介紹如下：

Straight 型（簡稱 S 型）

銀座質感女王系

適合 S 型女王的主調風格：

「典雅」、「有質感」就是您的代表字

S 型女王系代表名人

王美花、王彩樺、文根英、白冰冰、林莎、林嘉俐、阿布絲、張芯瑜（小小瑜）、曾智希、焦凡凡、劉品言、陳妍希、藍心湄、郭書瑤、鄭家純、張惠妹、郁方、盧秀燕、崔佩儀、戴愛玲、鞏俐、蔣欣、范冰冰、馬思純、佐藤麻衣、凱特溫絲蕾等人。

Dressing Style
典雅女人味洋裝

Casual Style
半正式半休閒穿搭

Best Style
正式感簡約穿搭

★ *My Fashion Book By S Type* ★

🔍 準則一：穿搭重點

key word

減法穿搭

S 型立體有厚度的身形，以造型簡潔、格調高雅為主調，建議適度地展現身材曲線，以正統、高品質的現代感為主，搭配出具高端質感的女王穿搭。

🔍 準則二：設計細節

key word

適合大器、俐落、簡約的設計

上衣避免過度裝飾，增加肥厚感，尤其像抽褶、蓬袖、荷葉邊等有蓬度且具層次感的設計，會因膨脹感，反而擴大體積，突顯身體的厚度，視覺感顯得虎背熊腰的反效果。

簡約風並不等於單調，只要捨去多餘的元素，搭配大器且具存在感的配件，就可扮演簡約穿搭中「畫龍點睛」的效果；此外，適當飾品的應用也可巧妙地展現個人的搭配品味，走簡單有型、典雅路線為最佳。

準則三：面料材質

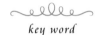

key word
面料選好一點，是女王們掌握質感的關鍵

適合「中厚＋彈性纖維」布料：由於身形緊實、立體有厚度，以適合組織平實緊密且稍具彈性，具中厚度手感的正統、高品質的布料為尚好，注意面料質料的軟硬，太軟會貼著身形，讓需要修飾處無所遁形；但質感太硬，除了有相當的厚度外，布料空間撐出的「體積感」，也會將原本不胖的地方撐胖，這些都是 S 型人選擇面料需要特別留意的地方。另外也可選擇回復性、彈力佳的細緻高針數的針織彈性布料為最佳選擇。

★四季面料選擇小提醒★

中挺度的牛津布（Oxford）、香布雷布（Chambray），平織襯衫布（Poplin）、高（密）針數的彈性佳積料（Jersey）、手感平滑的真絲（Silk）等。

🔍 秋、冬季

高針數美麗諾羊毛（Merino）、喀什米爾（Cashmere）、細條燈心絨（Corduroy）、正統真皮革（Leather）等。

皮革（Leather）

Wave 波浪型（簡稱 W 型）

表參道名媛公主系

適合公主的主調風格：

「柔軟地」、「華麗的」就是您的代表字

W 型公主系代表名人

吳珊儒、劉詩詩、劉亦菲、高圓圓、宋茜、吳瑾言、黑嘉嘉、趙雅芝、高虹安、Angelababy（楊穎）、林秀晶（Lim Soo Jung）、潤娥、權娜拉（kwon Nara）、凱特．柏絲沃（kate Bosworth）、安雅泰勒喬伊（Anya Taylor-Joy）等人。

Dressing Style
纖細千金感洋裝

Casual Style
溫柔小姐姐外出裝

Best Style
甜心雅緻正式裝

準則一：穿搭重點

key word
加法穿搭

W 型人骨架精巧薄弱，因重心在下半身，上半身較顯無肉，寬大衣服撐不起來，呈現沒精神的著衣狀態，最怕看起來鬆垮、空虛，給人貧弱印象，因此適合女性化、裝飾細節多的「加法設計」。款式細節以褶邊、繫（綁）帶、蕾絲裝飾，可以巧妙充實並調和較為單薄的身軀，增加視覺豐富感。

此外，包含搖曳生姿的晶亮飾品以及配件，皆以柔美、華麗路線為佳。所以請一定要選購幾件自己特別鍾情的精緻款式，讓你輕鬆散發出溫柔名媛風采。

key word

適合女性化、裝飾多的華麗設計

　　身形具有柔美的特徵，穿著柔軟手感的軟質布料，帶出輕盈溫柔的女性柔情氣質，天生適合 W 型的公主們來駕馭。推薦女性化的裝飾風格服裝，即造型柔美、細膩的設計，如具層次感的荷葉波浪領、浪漫公主蓬蓬袖、唯美的蝴蝶綁結等，適度的營造衣服與人體之間的空氣感與蓬度，呈現豐盈華美感。

　　此外，打造從容優雅的「溫柔小姐姐穿法」的關鍵，在於 W 型人的上半身腰長較長，上衣一定要紮入褲子裡，不但藉此打造偽腰線，提高腰部位置，更能展現腰部曲線。

　　另外，W 型人也擅長「半長不短」的長度，如短外套或露肚臍的短上衣，以平衡比例，推薦如七分袖上衣或九分褲、露出纖細腳踝等，用以拉長腿部線條。

> *key word*
> 質地輕柔的軟質面料，
> 是掌握溫柔女人味的迷人關鍵

建議穿搭衣物以質地輕盈以及具柔軟度的面料質感為最佳選擇。

★四季面料選擇小提醒★

春、夏季

輕透飄逸的雪紡紗（Chiffon），高度加撚、布面有小皺波的喬琪紗（Georgette），小碎花印花布（又稱白漂布／Calico），細緻的絲光薄棉布（Mercerized Cotton），手感光滑的絲綢（Silk）或人造絲（Rayon）、花朵細緻的睫毛蕾絲布（Lace），質輕表面皺縮的泡泡布（Cotton Crepe），典雅的刺繡空花布（Eyelet），燒花布（Burn-out Finishes）等。

　　軟綿綿的高針數細棉（Persian Lawn）或柔軟的美麗諾羊毛（Merino），毛茸茸具蓬鬆感的毛海毛衣（Mohair）、輕盈的安哥拉兔毛（Angora Rabbit Hair）與光澤高貴感的天鵝絨（Velvet）、閃亮光澤的漆皮（Patent Leather）、溫柔觸感的麂皮（Suede Cloth）、典雅細緻的金蔥花呢布（Fancy Tweed），皮質細緻柔軟的小羊皮（Lambskin），表面起圈厚絨毛叢的珍珠裡（Fleece），超細纖維、手感緊密的桃皮布（Peach Skin）等。

花呢布（Fancy Tweed）

Natural 型（簡稱 N 型）

渋谷無造作女神系

適合女神的主調風格：

「不做作」、「率性優雅」就是您的代表字

N 型公主系代表名人

林志玲、賴雅妍、潘慧如、安心亞、李千娜、許瑋甯、謝盈萱、吳可熙、鍾瑤、張鈞甯、楊冪、楊紫瓊、樂基兒、金素妍、崔智友、申敏兒、黛咪摩爾（Demi Moore）、安海契（Anne Heche）等人。

Dressing Style
有個性的俐落風格

Casual Style
鬆弛感灑脫中性風

Best Style
隨興休閒日常風

★ *My Fashion Book By N Type* ★

key word
不刻意、不做作

　　N 型人偏向「較為骨感」，也是「天生衣架子」，決戰時裝伸展台的流行時尚模特兒多為此型。此類人不適合太刻意性、中規中矩、一板一眼的制式穿搭，適合不做作、不對稱的設計所帶出的隨興時尚感。

key word
有個性且集藝術、設計、時尚
於一身的率性女神

　　N 型人絕大部分屬骨架大之人，因身形有框架感，天生特質適合率性、不做作的中性風，給人帥氣有型的印象，極推薦 Oversize 的版型及如同男裝剪裁之灑脫俐落感；即使在展現女人味時，性格美女亦是最佳寫照。不建議半長不短的長度或短版結構，如此反而易破壞身材比例，讓整體比例失衡。在穿搭技巧上，建議重疊式的穿搭方式，同樣具有擴張感，可以柔化 N 型人的骨頭硬感。

　　面料帶有些許洗褪色感或水洗加工的衣著，可突顯其自然不做作的氣質。尤其是獨特的天然纖維布料風味，具有恰到好處的休閒感，與 N 型人的自然特質非常相襯，散發 N 型人限定的優雅休閒魅力。若怕穿搭過於輕便休閒，可加入金屬色的金、銀色飾品與尖頭跟鞋，以提升時髦度，製造時尚有型的個性女神穿搭。

key word
適合具「自然感」風味的布料

　　獨特的天然纖維布料，風味與 N 型女神的自然不做作的獨有性格魅力非常相襯。

　　天然纖維布料，如帶挺度的中厚棉或棉斜紋布（Tweed），表面凹凸紋棉布（又稱 PK 布／ Pique），質地堅實的棉軋別丁（Gabercord）、布身硬挺的卡其布（Khaki），具有獨特風味的（亞）麻料（Linen）及布面織紋有凹凸感的緹花布（Jacquard），洗舊懷舊感或石頭洗的粗曠牛仔布（Denim），表面有不規則粗節及明顯紋路的山東綢（Shantung）及具原生風味、織紋不平均的柞（野）蠶絲（Tussah Silk），布面鑲粗線外觀的鑲線布（Cord）等，水洗加工或獨具的原有素材感的天然風味，可顯露出 N 型女神們率性不做作的氣質，流露出隨興自在的混搭品味。

★四季面料選擇小提醒★

🔍 春、夏季

具自然手感的水洗粗棉，天然棉麻混紡與涼爽麻料襯衫布，布面有縱向皺波的楊柳布（Yoryu Crepe）等。

🔍 秋、冬季

布面有凹凸坑條的粗條燈心絨（Corduroy）、起毛大衣呢（Mosa）、懷舊感皮革及優雅的麂皮與低針數大麻花編織的寬鬆毛衣等。

低針數大麻花編織毛衣

利用「臉型診斷」+「骨架身形分析」 = 找出襯托身形和五官氛圍的 「花紋圖案」

你的衣櫥裡淨是素色的衣服嗎？比起單色，我們的目光更容易被有圖案的顏色所吸引。選擇印花有圖案的單品時，有什麼基準可以快速地讓我們知道選擇圖紋的關鍵是什麼呢？當然不能單就骨架身形或臉型大小某一項準則來做判斷，而是必須結合「臉型診斷」與「骨架身形分析」的兩大應用結果，如此一來，我們就可以輕鬆地知道什麼樣圖案「大小」（面積）與「形狀」（線條或圓弧）的印花圖紋，適合我們的「五官氛圍」與「骨架身形」的協調感。舉例來說：

例一：臉型 + 身形屬於 「臉型 Cool Casual × 骨架 W 型」者➡

此組合者天生具清新小男孩特質，線條組織呈文青風小方格，會比圓弧甜美小碎花風來的更適合，因為具直線型臉型輪廓氛圍者，很適合駕馭同是具有

線條感的條紋或方格，但得避免粗條或間隔大的條紋；相對的骨架身形，如同樣是 W 型、但臉型屬「Cute 型」，則非常適合圓弧感、曲線的圖案，也就是小碎花或圓點圖案，會比小方格及線條更合用。

例二：臉型 + 身形屬於「臉型 Feminine × 骨架 S 型」者➡

勿選花樣太小者，建議選擇尺寸普通～偏大的花樣；大朵花卉曲線圖案會比方格組織的格紋更搶眼；且形狀圓弧大的圓點會比有菱有角的菱形格更適合。

例三：臉型 + 身形屬於「臉型 Cool× 骨架 N 型」者➡

不規則的中性迷彩圖案，相對於小孩臉 Cool Casual X 骨架 N 型人，更適合具大人氣質的大人臉 X 骨架 N 型人來駕馭。

例四：臉型屬於
「混合型」的大人臉 & 小孩臉者➡

　　綜合型可以同時具有兩種意象表現風格，不管是偏向直線還是曲線的花紋都能駕馭；相對地，適合印花圖紋範圍也較廣，再配合骨架類型去看自身想要的理想形象，做圖案的挑選。想要甜美可愛感的就選圓弧、曲線的圖紋準沒錯；想要率性都會感的，極推薦線條及方格圖案，可營造俐落洗鍊風。

臉型診斷 + 骨架身形分析 = 絕不失敗的花色圖紋挑選法

市面上的印花百百種，對於不擅長購買有花色圖案衣服的人，可參閱以下的布花圖紋象限圖分類，相信一定有所啟發你的創意圖案魂。

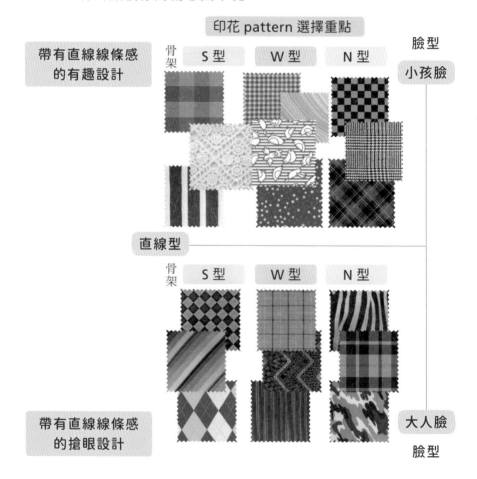

透過「**臉型診斷＋骨架身形分析**」組合的各類型，以下一一詳細解釋各圖紋，讓我們更具體地確認什麼樣的圖紋與自己的臉龐相互協調，又和骨架身形擅長演繹的風格相搭，挑選時必須將以上兩者的特徵相乘，必能選出恰到好處、自然好看的圖案衣服。

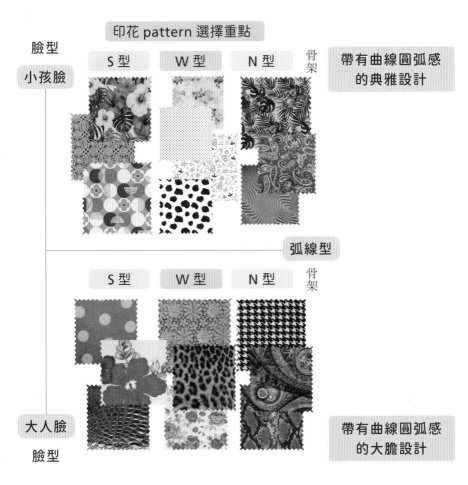

印花 pattern 選擇重點

臉型 小孩臉

S 型　　W 型　　N 型　　骨架

帶有曲線圓弧感的典雅設計

弧線型

S 型　　W 型　　N 型　　骨架

大人臉 臉型

帶有曲線圓弧感的大膽設計

臉型 骨架	小孩臉 × 弧線型	花樣「大小」	大人臉 × 弧線型	花樣「大小」
S型	・有面積感、對比強烈的植物花草紋（Botanical）。 ・大器、有面積的圓形圖案。	普通	・聚焦的曲線圖紋：大膽熱情的搶眼大花卉。 ・有存在感的大圓點。 ・氣勢的鱷魚皮紋等。	普通～偏大面積
W型	・圖案細緻、面積圓弧小巧的：淡雅小碎花、渦漩紋。 ・密集小紋：小圓點。 ・偏小的幾何圖案：乳牛紋。	小巧～普通	・曲線圖紋：渦漩幾何紋、草履蟲圖紋（Paisley）等具圓弧感的圖紋。 ・不規則圖紋：豹紋、小斑馬紋。 ・花草紋：花卉精巧，如水墨淡彩的暈染花紋。	普通
N型	・線條清晰的幾何圖案：如編織麻花圖紋、變形蟲。 ・北歐風情的大自然花草圖紋。	普通	・花草紋：對比強烈、搶眼多色的熱帶花草圖案（Botanical）。 ・不規則變形圖紋：普吉紋（Pucci）、變形草履蟲圖紋（Paisley）、蟒蛇紋。	普通～偏大面積

臉型骨架	小孩臉 × 直線型	花樣「大小」	大人臉 X 直線型	花樣「大小」
S型	・適合以直線爲基調的直條紋或橫條紋等俐落線條設計。 ・線條與線條組成的大方格紋。 ・偏細條紋：如髮線般細條紋的髮線布、鉛筆條紋布（Pencil）。	普通	・對比明顯的規則性條紋。 ・穩重大四角的窗櫺格紋、菱形格及Burberry格紋。	普通～偏大面積
W型	・小方格（或稱嘉頓格Gingham）、小千鳥格、格倫格子布（Glen Check）、棋盤格等。 ・直線排列的小碎花。	小巧～普通	・千鳥格、星星圖案、水波紋。	普通
N型	・文青風的格紋：方格、菱形格。 ・學院風的蘇格蘭格紋、Burberry格紋。 ・由不規則粗細線條組成的線條紋。	普通	・不規則直橫條紋、大斑馬紋。 ・民俗風圖騰紋	普通～偏大面積

找到造型的主軸，
你需要的只是「多了解自己」罷了！

　　你是什麼形象的人呢？我們在做實際穿搭選擇時，目的並非將人人都塑造成同一種模樣，而是須將個人**的臉型、年紀、個性、職業、流行、生活背景等不同因素，全面考量進來，這些都是你個人的主要形象部分**，即使兩人屬相同骨架類型，仍得依以上的因素做變數考量，也需「適人、適性」地依「個人特質」與「喜愛」去做加減調整。我碰見幾位學員，因為過於強烈的自我執念與個人偏愛，對調整後的新形象產生抗拒，回家後又打回原形；對於新的改變無法接受，框住了更多的可能性，是一件很可惜的事。所以，妳若是造型師的話，不要強迫對方接受自己建議的風格，應是幫助她找到自己最自在的風格，創造她專屬的時尚，才是最重要的！由她自己親眼來見證因不同的穿搭樣貌，所帶來的人生化學變化。

不做「某部分」的判斷與提議，是以「全身性」的整體來判斷

比方說，若您骨架分析結果為 Natural 型，此型一般建議是非常擅長「長、寬、大」，也就是大一號的寬鬆感，例：長度很長的罩衫或長上衣、大尺寸的外套（如近年流行的 Oversize）都撐得起來；但若你屬小隻馬的 N 型，太長太大都有可能會壓過你的比例，你必須有所調整與取捨，但也不是說全改穿短版。我們想傳達的骨架穿搭公式為，不侷限於「上半身單薄的 W 型人，適合繁複的上衣設計；或手臂較有肉的 S 型人不適合選無袖款，或大腿較粗的 S 型適合上下等寬的直筒褲版……」般地，只做「某部分」的判斷與提議，本書要帶領的是以**「全身性」的整體來判斷，重視全身性的平衡感，確立自己想要的風格，找到造型的主軸，即使沒有黃金比例，也能穿出時尚有型。**

綜歸以上，首要深知什麼風格適合自己的「臉型特質」、「五官氛圍」和能展現「骨架身形」的特點，你需要的只是「多了解自己」罷了！擁有判斷的能力，去詳細研究關於自己的一切，篩選出自己需要的，做一個

了解自己的人，將自身優點表現出來，就已經成功通往
時尚之路了。

錢該花在哪裡？利用「骨架身形萬能穿搭法則」，宣告 Style Up

　　同一件單品，有的人穿起來魅力四射，有的人卻黯
淡無光，這當中的差異就是：穿的人「骨架身形」的不
同，也就是説即使單品本身好看，若不符合你的骨架身
形，單品與你的魅力皆無法外顯。一件簡單的白襯衫就
有各式各樣不同布料的材質手感、襯衫版型構成及領型
設計等等細節的不同，所以，首要清楚分辨適合你的是
什麼，加強對美的意識，只入手合乎自己美感的衣服，
掌握以下穿搭基礎原則就非常重要：

職場穿搭篇

粉領〈OL族〉：
我想知道西裝外套怎麼選？

依「骨架身形」各 Types 西裝選擇，需要注意什麼？

西裝外套早就不再只有商務場合「正式」的名號，衍伸出各種款式來作日常穿搭都超好看，連女星走紅毯也離不開西裝外套穿搭。所以，只要依骨架身形來選對西裝外套，老派正式款也能晉升時髦都會感！大至版型、小至西裝領口（V zone），魔鬼就在細節裡！

Point

注重「合身度」,
也就是「版型」的確認!

　　根據「骨架」選對版型,才能人美又不傷荷包!
衣服穿在人體的合身度,也就是衣寬(服裝與人體之
間橫向空間量),衣服穿起來好不好看,就關乎版型
的選擇,也就是講究「尺寸感」的重要性。人是立體
的,版型好不好若想確認,建議還是到實體店面多試
穿看看,除非你已是該品牌的老顧客,十分熟悉它的
版型效果,否則光看圖片,示範麻豆又不是跟你相同
的骨架類型,在收到網購衣服時的想像落差,即是此
原因造成。

《你需要的西裝版型和長度》

S 型

版型

「恰恰好」的標準版型

鬆份不多也不少最適合，也就是剛剛好合身而不緊身的尺寸感。鬆份多（膨脹感，衣服空間感大），容易因寬鬆顯臃腫。反之太緊，則顯緊繃，會顯出肉肉的。

領口（V zone）

深 V 剪裁。

長度

典型標準長度

下擺最佳長度是蓋住臀部一半的位置，正所謂的「標準長度」，也就是不長也不短、「恰恰好」的長度，以確保整體的平衡感。S 型人因重心在上半身，不適合短版，因短版上身容易顯得頭重腳輕，平衡感不佳。

《你需要的西裝版型和長度》

W 型

版型

不緊黏身體的「合身短版」。

或有腰身（收腰）的設計更好，
如洋裝式西裝外套。

領口（V zone）

淺 V 剪裁。

長度

短版

因重心在下半身，短版最好，尤
其適合小香風質感的花呢短版滾
邊外套。下半身高腰單品配上短
版外套，可打造讓身形看起來加
倍修長的好比例穿搭！

《你需要的西裝版型和長度》

N 型

版型

推薦稍有鬆份感「略寬鬆」的 H 型西裝版型或 Oversize 版型，N 型人皆能輕鬆駕馭。Oversize 版型可打破 N 型人的骨架方形框架感，柔化骨頭之硬感，且 H 型（箱型）裁剪版型上的寬鬆，會讓 N 型人看起來落落大方。都會感的雙排釦設計，及半正式半休閒的中性反折袖口拼接（格紋或撞色），也是造型感滿滿。

領口（V zone）

大 V 剪裁。

長度

長版～普通

擅長駕馭「長版」，沒有腰身的箱型剪裁更好。

假日〈約會〉：我想知道洋裝怎麼選？

你需要先掌握洋裝外型輪廓線，
才能美人一截

　　若你想吸引男友眼光，卻懶得煩惱上、下服裝要怎麼搭時，女人味的洋裝就是約會穿搭第一首選。

　　服裝的外輪廓（Silhouette），是一種在沒有看清款式細節以前，首先感覺到服裝的外觀輪廓，故也稱廓形。三類型骨架身形適合的洋裝「廓型」，以下依「大寫英文字母」來命名，講述如下：

S 型

適合「I」或「小A」LINE 輪廓線洋裝

也就是服裝外型輪廓線呈直筒狀，很接近英文字母的「I」，能修飾上半身過圓的身形，減輕視覺橫向，如：上下合身而不緊身的襯衫式洋裝，整體拉出I字筆直線條，或裙襬呈小A字裙式的洋裝，使人看起來簡潔又顯瘦。

W 型

適合「X」LINE 輪廓線洋裝

W 型的人因上半身腰較長，非常適合高腰設計以提高腰線，強調腰部曲線，讓整體輪廓很接近「X」形的洋裝。如：上衣有蓬度，腰間束緊（收腰），下擺展開的圓裙（闊襬）。服裝外型輪廓線呈 X 型的洋裝，可以偽造出凹凸有緻的身形，充分展現女性獨有的曲線美。

N型

適合「大A」&「Y」LINE 輪廓線洋裝

適合上合、下寬大（闊襬）的大A型，也適合上寬（鬆）、下合的Y型輪廓線。要盡量避免穿全身過於緊身的洋裝。穿衣重點為：穿出「空間感」，無須特意強調腰線剪接的瀟灑自在感。

隆重場合篇一

正式場合〈婚宴〉：
我想知道完美禮服怎麼挑？

　　人生重要場合「結婚」那天，穿上美美的婚紗，是每一位準新娘甜蜜的願望。

　　做一位 360°零死角的完美新娘，看起來亮眼是有訣竅的，婚紗的款式千百萬種，不同的喜好、骨架身形的新娘，選擇的婚紗款式當然也不同。

S 型

《紅玫瑰 ── 大氣女王風》

❶ 因脖頸偏短，適合頸圍清爽簡約的設計，如抹胸式的簡潔、V 領、經典桃心領等，款式簡單大方即能展現女王氣場。

❷ 光潔、高質感的棉緞或絲緞，或較硬挺一點的緹花面料、真絲歐根紗、天鵝絨等布料皆適宜。

❸ 適合立體修身剪裁，膝蓋展開的大魚尾裙襬設計，
能展現凹凸有緻的姣好身形。

禮服 NG 踩雷區

・脖短、不適合領圍線太緊，會感覺壓迫的設計，如：
　繞頸式（halterneck）設計。

・裝飾太多集中在上半身，會顯臃腫。

・身形性感豐腴，不適合太透太軟的布料。

・避開笨重超大蓬裙，感覺像一顆圓蘋果在走路。

W 型

《白玫瑰 —— 嬌俏公主風》

不建議太過強調全身線條的版型，反而會襯托出身形消瘦貧弱感。

❶ 短版、小禮服式的設計：

裙長在小腿肚上之比例非常適合 W 型，再搭配上短頭紗，更是散發著少女感的俏皮可愛。

❷ 設計重點：

焦點放在上半身，裝飾多些女性化、甜美元素（如荷葉、蝴蝶結等），如適時露出漂亮的天鵝頸與秀氣的鎖骨（如削肩領、皺褶掛脖領等），羊腿袖、古典宮廷袖、公主泡泡袖等呈現的立體感，傘袖或荷葉袖等增加份量的空氣飄逸感。選美背式設計，也可豐富整體視覺效果。

❸ 適合面料質感輕盈，透膚具纖細感的蕾絲或裝飾性
多（水鑽、羽毛等）具華麗的設計。

禮服 NG 踩雷區

· 因骨架身形單薄，罩杯上緣容易空杯，因此桃心
領較 hold 不住，容易下滑。

· 不適合深 V 型、太性感且突顯胸型的禮服，看起
來反而寒酸平板。

· 太過簡約的設計及太過中性的個性風，如褲裝婚
紗皆不擅長。

N 型

《野玫瑰 —— 個性女神風》

❶ N 型女神的獨特氣場，非常適合剛柔並重的個性風及具現代時裝感的婚紗設計。例如強調展現自在感與個性化的特色時裝式中性風格褲裝婚紗，帥氣又摩登。

❷ 擅長不規則或不對稱的剪裁：單肩式或斜肩式領圍線設計，如希臘女神般婚紗非常適合 N 型人。

❸ 帝國式的高腰線剪裁：法國帝政時期（約瑟芬皇后的裝束），露肩或方形大領口，胸下圍收緊，不強調細腰，流暢的高腰、及地裙的美，使下半身視覺被拉長，不費力就能營造從胸部以下全是腿的女神效果。

❹ 表面有凹凸織紋感的布料或較獨特的緹花布。

❺ 獨特性異素材之個性拼接，如在西裝外套的剪裁或面料中融入蕾絲、羽毛及花朵等女性風格元素；在帥氣性格中帶點迷人的優雅氣息！

❻ 禮服時裝化，不僅不失禮節，還能展現個性，也讓
N 型女神更為自在。

禮服 NG 踩雷區

・不擅長駕馭太甜膩及太多女性化印象的設計，相
較不匹配。

隆重場合篇二

新娘飾品──
婚紗搭配的時尚小細節

　　精心雕琢的新娘造型，不論是搭配皇冠造型、華美頭花，或是夢幻頭紗都各自精采，你想好自己的夢幻造型了嗎？蒐集以下這些配搭資訊再與新祕討論，絕對可以擁有一個貼近氣質、適合臉型、符合骨架身形風格的新娘造型！

皇冠

相信每位女生都有一個公主夢,幻想披著夢幻白紗,戴著華麗皇冠走向紅毯,從此受盡百般寵愛地與王子過著幸福快樂的生活。那麼要實現女孩們浪漫的公主夢,一頂絕美的皇冠是新娘造型必不可少的指定款!花樣上有鑲鑽、寶石、珍珠、花草枝葉、水晶切割、纏線(金屬線)等爭奇鬥豔的設計,選擇配戴時也要注意皇冠尺寸與臉型比例大小的協調性。

S 型

「山字型」女王風的大器經典皇冠。

W 型

「髮箍式」細緻
小皇冠或「皿型」
精巧小皇冠。

N 型

藤蔓交織花葉型，
如森林系「花環
型」花冠。

頭花

女人天生如花，新娘頭花不同於華麗的珠寶配件，以華貴花卉做襯托，更能散發出新娘如花的嫵媚與嬌羞美態。

S 型

單朵大花顯貴氣的雍容女王。

W 型

繁複小碎花朵顯
嬌俏的公主。

N 型

花草花環顯仙氣的
女神。

珍珠項鍊

　　不管鑽石多麼璀璨，黃金多麼耀眼，從母貝孕育出來的珍珠，有著柔美的光澤，似蘊含著女性的光輝。而珍珠典雅溫潤又象徵著家庭美滿、福貴安康，已經成為近代婚嫁中不可或缺的新娘飾品。

S 型

盡量選擇經典大器型 8mm 以上的大珍珠。

W 型

推薦雅緻小巧的 8mm 以下的雙排項鍊或多鍊項圈式珍珠項鍊。

N 型

極適合不規則形狀的巴洛克珍珠（Baroque Pearl）或帶自然感的棉珍珠（cotton peral），長度則可搭配禮服風格，選擇超長或長鍊型皆適宜。

頭紗長度

　　雪白而輕盈的頭紗，具唯美朦朧、飄逸的層次感，不僅有著美好含意，也是讓婚禮更具儀式感及神聖的象徵！而頭紗長度的多樣性，更是讓婚禮進場時，大家注目的焦點之一。除需將婚禮場地（會場規模）、紅地毯（長？短？有？無）、室內（教堂？城堡？）或戶外（草地？沙灘？海島？）等等因素，綜合考量到頭紗的款式外，單就三大骨架身形，適合的頭紗選擇推薦如下：

S 型

適合長頭紗。

W 型

短頭紗、中長頭紗、長頭紗，尤其推薦瑪麗安頭紗（右圖）。

N 型

長頭紗（左圖）、超長頭紗（右圖）。

日常穿搭篇

退休族：
減齡穿搭怎麼搭、如何配？

要如何讓自己看起來越來越年輕，而不是裝年輕！

兩大注意點，
去老味，重新打造熟齡新品味！

Point 1

上衣注意點

《領圍與領型的選擇》

S 型

領子對於肩膀的作用非常大。對於 S 型人來說因脖頸較偏短，適合：

❶ 簡單的方型領、正式襯衫領及領圍線較深的 V 領、U 領等，在視覺上效果；脖圍的清爽，會減輕上半身的重量感，也能有瘦臉的視覺效果。簡約的領圍設計，因有肌膚的「適當留白」，有利於視覺上，脖圍周遭的清爽，避免太繁雜和多樣化設計的疊加（不適合多層次、層層疊疊的繁複設計），減弱上半身的存在感。

❷ 避免擠在脖圍的龜領，以及緊緊包覆從下巴到胸口的高領反折領，這些會使視覺上更顯脖子短、臉圓，且胸部豐滿的女性有加備顯胖的反效果。

❸ 不建議裝飾性多的元素，如荷葉領、蝴蝶結領等，恐徒增份量感，易顯得虎背、肩膀寬，使上半身看起來更厚、更雄壯！

《領圍與領型的選擇》

W 型

因脖子較偏長，適合圓領、船型領、掛脖領、一字領或裝飾意味強的蝴蝶結（綁帶）領及荷葉領等，可用來修飾長頸，增添豐盈層次感。

《領圍與領型的選擇》

N 型

套頭領、龜領、大翻領、兜狀領等有面積、存在感的大領型，或筒型領及中山領或不規則、不對稱的領型設計，皆可駕馭。

《肩線位置》

S 型

標準肩線。

S 型人上半身的厚度，容易看起來臃腫，這是個大難題。肩背部的肉肉會顯得虎背熊腰，所以要選擇標準肩線、袖口不繃，剛剛好的尺寸讓大臂看起來纖細一點；避免肩線太大或者落肩、肩線不明顯的款式。

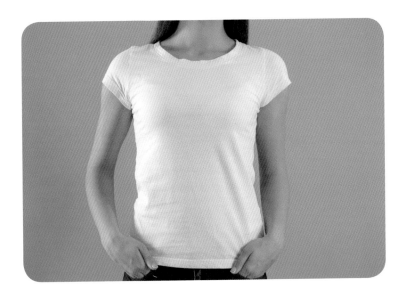

《肩線位置》

型

窄肩～標準肩線。

因肩背薄弱像紙，無法撐起落肩款或寬肩線及肩線不明顯的款式。

《肩線位置》

N 型

落肩～標準肩線。

肩骨立體突出是衣架子，可以撐起寬肩線，擅長落肩款。

Point 2

下身注意點

《腰線》

S 型

因為腰位置較高，很適合穿著裁剪俐落的褲裝。但高腰容易顯胖，低腰則會看起來沒精神，因此適合中腰線，即視覺標準腰線能修飾身形好比例。

W 型

因爲腰較長，下半身搭配裙款會更適合。選擇高腰～標準中腰線，提高腰線、抬升重心，視覺讓下半身更修長。

N 型

因肩膀較平寬，適合低腰線～中腰線，將身體重心壓低，可以使比例看起來更好；不適合高腰這類強調腰線的設計；因肩寬會比腰身更引人注目，看起來會很Man 的感覺。

附錄 Q&A

1

　　非常瘦的 **Wave** 型因較無脂肪，較難以判斷重心是否在下半身，且因為瘦，會感覺骨頭也突出，很容易與瘦的 **Natural** 型混淆難以分辨，此時 **CHECK POINT** 有哪些細節可否再提示？

　　答：骨架診斷是一種經驗值的累積，接觸的人越多，會越有心得！瘦的 W 型與瘦的 N 型，仍可從以下重點再做細節確認：

1. 骨頭的粗細：較粗是 N 型，普通則是 W 型。
2. 關節的大小：較大是 N 型，普通則是 W 型。
3. 腰的位置：腰的高度普通則是 N 型，腰位置較低則是 W 型。
4. 後背腰部的底部：呈現平坦直線線條的則是 W 型，沒有那麼直則是 N 型。

2

　　胖的 **N** 型因有脂肪包覆，較難感受骨頭立體粗細且感覺有肉與較肉感的 **S** 型，也有分辨上的困難，此時的診斷注意點為何？

答：可從以下三個重點再做加強確認：

1. 胸徑的厚度（鎖骨以下、胸部以上）：N 型人此部分即使胖也不容易囤積脂肪，若摸出來感覺有厚度的話，則是 S 型。

2. 腰高：從腰到臀部最高點，距離短的，也就是腰較高的則是 S 型。

3. 膝蓋下小腿的線條：S 型是大腿較粗、小腿較細，N 型者則是腿的脛骨明顯。

3　骨架屬 S 型人，不想只穿簡約的設計，也想挑戰華麗的打扮，要如何穿得好看呢？

答：S 型人相對有肉的上身，容易穿出虎背熊腰感，因此建議還是以簡單有型的上衣為主，可善用華麗配飾，如在一個重點處選擇具有裝飾性的設計，例：鑲大顆寶石的胸針，也可以營造大器的華麗感；或者選擇質地光澤的真絲，也能展現高質感的女人味。又或者下半身選擇大膽的花卉圖案與醒目配色，增添成熟迷人的風采。

4 生完小孩變胖，髖骨也變寬，請問骨架類型會再變嗎？

答：變胖或變瘦是外顯身體的輪廓線條再變化，外在線條也就是皮相會改變，骨架則不會。再者，變胖或變瘦的皮相（體型）與骨相（骨架）無關，改變的只是穿衣尺寸的大、小號而已。舉例來說：生產後骨盆撐大，也不會從原本的上半身肉肉的 S 型變成下半身較有重心的 W 型，以下是各類型變胖後，外在線條輪廓的改變，提供給大家做參考，看圖會更易了解！

S 型 → 變胖後的 S 型

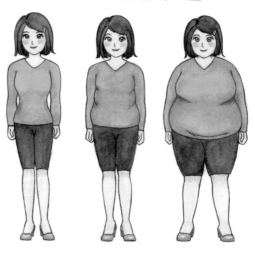

W 型 → 變胖後的 W 型

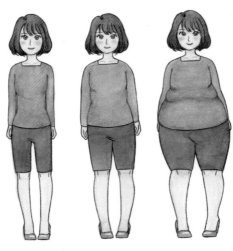

N 型 → 變胖後的 N 型

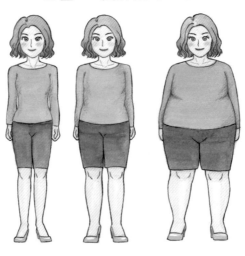

5 　我的骨架是 W 型人，卻偏愛帥氣的中性風格，不喜歡太多裝飾感的女性化設計，請問我要怎樣調整穿搭呢？

答：W 型人雖不擅長中性風格，但若先天個性與後天喜愛，我們可以無須違背內心意志，畢竟終極的主角是你自己本身，時尚穿搭的主軸就是「像你自己」。建議可以從兩面向去著手，舉例說明如下：

1. 材質：如喜愛率性牛仔風，可以選擇布料磅數較輕的牛仔布及水洗加工過的牛仔面料，手感會較柔軟，盡量不要選太厚重與硬挺、磅數重的牛仔布。

2. 色彩：想營造俐落、帥氣的效果時，可以用亮色與暗色的「對比配色」來突顯差異，呈現節奏明快的動感。

Lesson 3 ✦

魅力決戰
完勝由「命定好感色彩」來決定！

找出個人專屬命定色
（パーソナルカラー／Personal Color）

　　說起色彩，每種顏色都各有所好之人，但你知道自己適合什麼顏色嗎？對於想要改變自己，卻苦於不知如何開始的人，我建議就從顏色著手吧！色彩是很神奇的，帶有情緒與力量，是他人看你的外在形象，傳達給人直接印象與感受，像肅穆黑帶有神祕氣勢的專業感、潔淨白純潔又爽朗、鵝黃溫暖又大方、紅色熱情又明豔……等，每種顏色都有其代表的隱藏意義與不同感覺，透過這些色彩傳達無言的訊息，直接左右了外表的印象，也是視覺刺激最快接觸到的元素，所以說能發揮給人更好印象的立即效果即是「顏色」了。

讓你好看的「美人色」V.S 讓你難看的「醜女色」

　　了解了自身命定 DNA 靈魂色調,有什麼好處呢?知道自己適合什麼色系,搭什麼色系最好看,也就是找出與你最麻吉之好感軸心的「美人色」;穿對顏色的效果,自然讓你好看,不但滿面光彩、氣色明亮、神采奕奕外,連個性都能翻新,還襯托出個人的特質與魅力;而什麼顏色是會讓你看起來很糟糕的「醜女色」,一旦使用就形成了反效果。所以說小覷色彩會讓你灰頭土臉、面如死灰;反之,用對色則讓你面如冠玉、唇若點朱。故先找出你的專屬命定好感色就非常重要,除了可應用在服飾的選搭配色外,也關乎到美妝彩盤與髮色(染髮)、指彩上的選色,皆能派上用場,讓你更「出色」!

美人計畫 —— 色彩正妹學前準備

　　每一種顏色都有其代表的特性與美感，有些顏色讓看的人心生歡喜，產生活潑快樂的感覺；有些顏色則讓人心生畏懼、保持距離。不同的色彩、不同的反應聯想，這些都是由色彩刺激所產出的情緒與心理層面的連結。以人來說，為什麼會有適合的美人色與不適合的醜女色呢？運用色彩的基礎知識，可以解開合適顏色的謎題。

理論的學習也是色彩訓練的基本：

　　要活用色彩，首要從認識色彩開始，才能訓練對色彩的敏銳力！

【認識色彩】基礎知識（1）

色彩可分爲「有彩色」與「無彩色」兩大類：

- **有彩色**：爲紅、黃、藍等七彩。可再分爲：純色、清色（純色加白或黑）、濁色（純色加灰）。

· **無彩色**：爲黑、灰、白等。

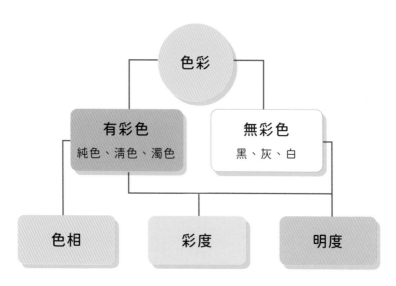

色彩三屬性：色彩是由「色相、明度、彩度」三個元素決定，每個顏色的特性（特徵）必須從顏色的三屬性來分析：

· **色相（Hue）**：顏色的名稱，如顯示紅色、橙色、黃色、綠色……，這些是我們常見的稱呼，也就是色彩的名字。

· **明度（Value）**：明暗程度亦可稱爲明亮度，是指色彩的明暗或深淺程度。如同黑白影印一樣，影印出來較黑部分的色彩（較暗）稱低明度，明度最低爲黑色，明度最高則爲白色，在黑白之間又可分出不同深淺的灰色調。

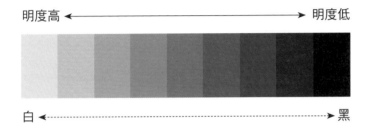

· **彩度（Chroma）**：鮮濁程度，也就是色彩的濃淡度（飽和度）。色彩較濃（鮮豔）的，稱爲高彩度，反之則是低彩度。最高彩度則是純色，色彩不論加白或加黑，皆會降低彩度。

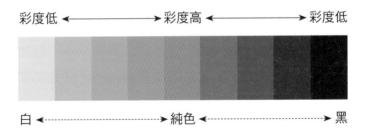

以綠色為例：

· 加白：彩度降低，明度提高，變成淡綠色
· 加黑：彩度降低，明度變暗，變成暗綠色

【認識色彩】基礎知識（2）

色調（Tone）：明度與彩度調和

　　就像音調有高低、輕重、強弱、長短、急緩板，色調也因明暗、強弱、清濁、濃淡、深淺的不同而變化出很多種顏色。

　　在色彩的 Y ／ B （Y 為 Yellow 縮寫，而 B 為 Blue 縮寫）基調理論中，所有顏色的色調可分為兩大類，一類為「偏黃～橙」的暖色調（Y 基調），另一類為「偏藍～紫」的冷色調（B 基調）。以容易理解的紅色水果為例（如下圖），草莓與櫻桃雖然都是通稱為紅色，但草莓是偏橙色調的鮮紅色，櫻桃是偏紫色調的暗酒紅，番茄與甜柿、紅辣椒、甜椒是偏橙色調的紅色，紅肉火龍果的洋紅色與紫紅的桑葚及李子與葡萄，皆是偏紫色調的紅色。因此隨著色調的不同，又變化出好多種不同基調的紅色。

紅 + 藍 =
偏藍～紫色調的紫紅

紅 + 黃 =
偏黃～橙色調的橘紅

← ● + ● + ○ → ■

←——————— 紅 ———————→

冷色調 BLUE BASE　　　　暖色調 YELLOW BASE

▎膚色與命定好感色彩定位診斷

　　世界上無論什麼種族，我們把人體表面色（與生俱來的膚色、髮色、眉毛、瞳孔、唇等之原色）的特徵區分為兩大基調——「冷色調（Blue Base）與暖色調（Yellow Base）」。只要清楚自身的基因色調，就能導引出適合的顏色，掌握屬於自己服色與彩妝的「有利顏色」，運用得當，便可以得到良好的效果且讓你擁有與眾不同的美色。

👑 *Point 1*

如何分辨「冷色調」（Blue Base）或「暖色調」（Yellow Base）？

　　首先，先教大家如何分辨自身屬於「冷色調」藍底肌（Blue Base）或「暖色調」黃底肌（Yellow Base）：

（一）開始診斷

1 診斷前需備什麼工具

🔍 **Step1**
將本書所附的唇片，沿線剪下，依序四季春、夏、秋、冬（共 12 色），從左到右，四列三行的唇片將之排好在桌面。

🔍 **Step2**
將臉洗淨，準備可看到全臉的鏡子。

🔍 **Step3**
穿上素色或淡雅的上衣（因人也是物體色，若穿有大印花或格紋的上衣，容易眼花撩亂難判斷）。

🔍 **Step4**
備好夾子將前額的瀏海夾起，露出光潔臉部比較好判斷。

2 測色小撇步

🔍 最好白天：
在白天或自然的光源下進行較好，不建議晚上測色，因為帶黃的燈光會讓你臉色偏紅，而帶白的青光，會讓您的臉色帶綠。燈光不對，會影響測色判斷。

🔍 乾淨的臉：
請在不帶彩妝的狀態下，素顏最好來進行，較能看清自身適合的唇色對應臉色的變化。

3 唇片測色診斷 Steps

🔍 Step1
按春、夏、秋、冬，由左至右各拿第一行唇片，照鏡比對一回，留下兩片讓你臉色好看變亮的唇片，讓你臉色顯老暗沉的，請淘汰放旁邊。

🔍 Step2
第二輪再拿第二行唇片，重複 Step1 的動作。

Step3

第三輪拿第三行唇片，重複 Step1 的動作。

Step4

最後手中會留有六片唇片，請統計若唇片以「春、秋」這兩色居多，則是偏向暖色調性的人，若唇片以「夏、冬」這兩色占多數，則屬偏向冷色調性的人。若剛好有兩種不同 Base 呈現 1:1 的組合，請再將此六片，重新照鏡，仔細再比對一輪，淘汰一片後再重新統計結果。若自身覺得很難判斷，可先各別拍照，再將照片合成一起觀看，觀察您臉色的變化，最適合的唇色色調會讓你的臉色亮起來！

若還是難以下決定，可多找幾位朋友或家人幫忙比對，減少個人主觀，才能更容易掌握狀況。

④ 找出你的個人命定唇色

🔍 適合你的唇色：
若唇片讓你「臉色」看起來有血色且健康明亮、「膚色」白皙透亮，「氣色」看起來更漂亮，就是適合您的唇色。

🔍 不適合你的唇色：
不適合你的色彩會讓您看起來面目暗沉、斑點明顯或法令紋加深等缺點盡現。

👑 *Point 2*

掌握個人魅力色，當自己的色彩魔法師！

　　經過以上簡易步驟，自我分辨「冷、暖色調」兩大色調的區別後，進階版將為大家再進一步細分為「四季色彩」，結果細分為「春、夏、秋、冬」四個系列之色彩區塊，分出「四季型」之人。「春與秋」兩個色系歸類為「暖色調」之人（Yellow Base）；「夏與冬」兩個色系歸類為「冷色調」（Blue Base）之人。此概念將個人色彩之結果區分為四季，是二十世紀末美國以色彩學

為基礎，所發展出來的個人色彩分析概念，導引分析出自身最適合之色系，了解什麼是「屬於自己」的色彩，找出每個人專屬於自己的命定「色彩季型」。

請從以上選出的六色唇片中，觀察哪一季型的唇片最多，您就屬於那一季型的人。

暖黃調與冷藍調適合的彩妝品截然不同，知道自己的調性後，掌握了自身的魅力色，改畫能充分展現自信好感的妝容，怎麼畫都自然。

春　　夏　　秋　　冬

四季唇色示意圖

偏向暖色調的人 ▶「春」與「秋」季型之人

屬黃底肌（*Yellow Base*），
適合暖黃色調較強之色彩

Point

在唇彩與妝容的選擇上，建議挑選偏向暖色調的正紅、磚紅、番茄紅、辣椒紅、珊瑚橘等的紅橙色系，可以讓臉色看起來健康且光澤明亮。

■ YELLOW BASE 唇色

偏冷色調的人 ▶屬「夏」與「冬」季型之人

屬藍底肌（*Blue Base*），
適合冷藍色調較強之色彩

Point

在唇彩與妝容的選擇上，建議挑選帶冷調的粉櫻、紫紅、莓紅、桃紅、勃根地酒紅色、玫瑰粉等色系，可以讓整體氣色看起來白皙透亮、有精神。

■ BLUE BASE 唇色

了解您的 Color Types／色票象限圖呈現

我們每個人都有自己與生俱來的色彩季型與用色規律，茲將各四季細部適合的色彩，概略解說如下：

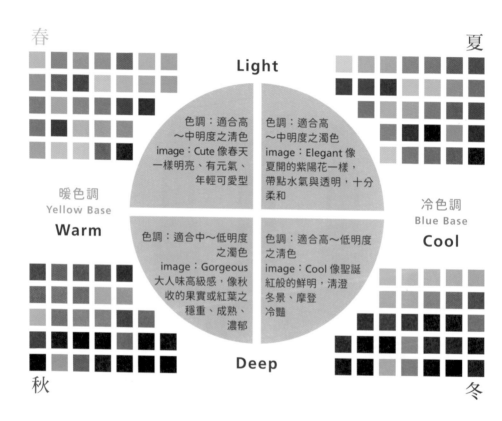

春　　　　　　　　　　**Light**　　　　　　　　　　夏

色調：適合高～中明度之清色
image：Cute 像春天一樣明亮、有元氣、年輕可愛型

色調：適合高～中明度之濁色
image：Elegant 像夏開的紫陽花一樣，帶點水氣與透明，十分柔和

暖色調
Yellow Base
Warm

冷色調
Blue Base
Cool

色調：適合中～低明度之濁色
image：Gorgeous 大人味高級感，像秋收的果實或紅葉之穩重、成熟、濃郁

色調：適合高～低明度之清色
image：Cool 像聖誕紅般的鮮明，清澄冬景、摩登冷豔

秋　　　　　　　　　　**Deep**　　　　　　　　　　冬

* 屬於「春」＆「秋」色彩之人 → 主 Yellow Base 暖色調

* 屬於「夏」＆「冬」色彩之人 → 主 Blue Base 冷色調

你可以想像一下自然界四個季節出現的色彩，從上圖來看，左半邊是暖色調（Yellow Base），右半邊是冷色調（Blue Base）；再按上下來分，上半部是顏色明亮（Light）的「春」和「夏」，下半部則是顏色沉穩（Deep）的「秋」和「冬」。

以上，區分出四季色彩的特性後，再來更詳細進一步地做說明。

按四季顏色類型來用色，
讓形象更明確鮮明

屬於春季人的色彩
Spring Type

色相 ➡ Yellow Base（暖色調）

明度 ➡ 適合高～中明度

清或濁色 ➡ 屬清色

　　如經過嚴酷的嚴冬過後，春風吹襲來，軟泥冒出新芽，大地煥然一新的生命力與百花盛開的多彩。

春季人的特質

可愛的、有元氣的、明亮的、活潑地、
新生的、有希望的

✔ 適合 春季型 人的用色特色

宛如春花般具此生命力的春季人，主要核心顏色以「青春可愛」、「明亮輕快」的鮮明色系最爲適合，如新鮮的柑橘色調、明亮的蜜桃橘、帶黃的珊瑚粉、溫暖的米色等，必能彰顯春季人的生氣蓬勃與親和大方。

✔ 適合的「金屬」飾品色彩：

金色及有光澤感的「明亮金」色。

✔ 適合的「有色寶石」（礦石）：

太陽石、橄欖石、孔雀石、天河石、粉紅蛋白石、珊瑚、

黃水晶等。

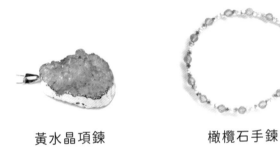

黃水晶項鍊　　　　　　　橄欖石手鍊

粉紅蛋白石項鍊　粉紅蛋白石戒指　　　粉水晶

屬於夏季人的色彩
Summer Type

色相 ➡ Blue Base（冷色調）

明度 ➡ 適合高～中明度

清或濁色 ➡ 屬清濁色

　　初夏梅雨季的潤澤，此季型的人適合的色系，如水般似地似乎都加了一點白、一些霧，帶著水氣與涼爽透明感，屬「又柔又輕」之優雅色彩調性，惹人憐愛的粉嫩輕柔感。

夏季人的特質

和緩的、溫柔的、優雅地、帶透明感的、
水氣涼爽的、女性化的

✔ 適合 夏季型 人的用色特色

青衫涼笠具此水性般的夏季人，核心顏色主「清爽、柔和」的淺淡色系，如淡粉的玫瑰色系、輕柔的莫蘭迪色、高雅的薰衣草紫、清涼的湖泊水藍色系皆適宜。

✔ 適合的「金屬」飾品色彩：

銀色及銀灰色的鉑金（Platinum，又稱白金）或光澤感較少的「霧銀」色。

✔ 適合的「有色寶石」（礦石）：

白月光石、粉晶、藍色黃玉、白水晶、藍鱗灰石、印加玫瑰石、雪花石等。

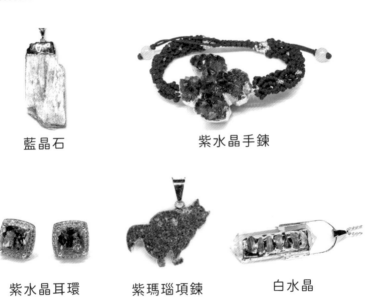

藍晶石　　　　　　　　　紫水晶手鍊

紫水晶耳環　　　紫瑪瑙項鍊　　　白水晶

屬於秋季人的色彩
Autumn Type

色相 ➡ Yellow Base（暖色調）

明度 ➡ 適合中～低明度

清或濁色 ➡ 屬暗濁色

　　春花秋果，時序來到秋天是大地豐收的季節，成熟的果實與漫山遍野的紅葉、及在秋天盛開，黃中帶綠的黃金銀杏、夕陽西下暗紅的雲霞，在在散發著溫厚知性之熟成調性。

秋季人的特質

傳統古典的、沉著的、自然地、
成熟的、奢華感

✔ 適合 秋季型 人的用色特色

具此生命力的秋季人，核心顏色主「低明度之成熟女人味」的大地自然色系，如雅緻庭園般的煙燻綠、溫醇濃厚的巧克力色、紅磚瓦舍之暗棕紅、舒服的駝色、沉穩的卡其色，肉桂、豆沙棕及焦糖拿鐵等都適合。

但請注意黑色系並不適合此季型之人，可以選擇深色系的木質調來代替，會較更具和諧性，但若顏色感覺過於厚沉、整體變暗，可善用霧金色或黃銅色的飾品來提升亮麗感。

✔ 適合的「金屬」飾品色彩：

金色或無光澤感、黃色調強烈的「霧面金」色或「仿古黃銅」色。

✔ 適合的「有色寶石」（礦石）：

琥珀、綠松石、祖母綠、翡翠、黃虎眼、血石等。

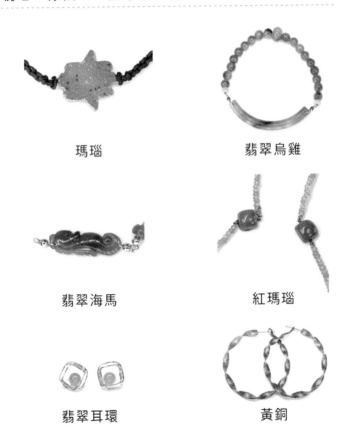

瑪瑙　　　　　　　　翡翠烏雞

翡翠海馬　　　　　　紅瑪瑙

翡翠耳環　　　　　　黃銅

屬於冬季人的色彩
Winter Type

色相 ➡ Blue Base（冷色調）

明度 ➡ 適合高～低明度

清或濁色 ➡ 屬清色

　　冬天是嚴寒的季節，冷色系如白茫銀世界的雪花飄飄，像遠山的輪廓如水墨畫般的黑白分明，純黑與正白散發著顏色冷冽之調性。在寒天裡綻放的蠟梅、頂著風寒開出嬌豔花朵的山茶花、聖誕紅的深紅、常綠樹的墨綠，冬季的色彩是如此對比鮮明、飽和高彩。

冬季人的特質

透明冷冽地、威嚴地、清澄的、
鮮明地、摩登、對比強烈地

✔ 適合 冬季型 人的用色特色

冬季的寂靜冷酷能讓冬季之人善於演繹個性的 cool 感，

輕易駕馭「對比強烈」，令人印象深刻的搶眼配色。

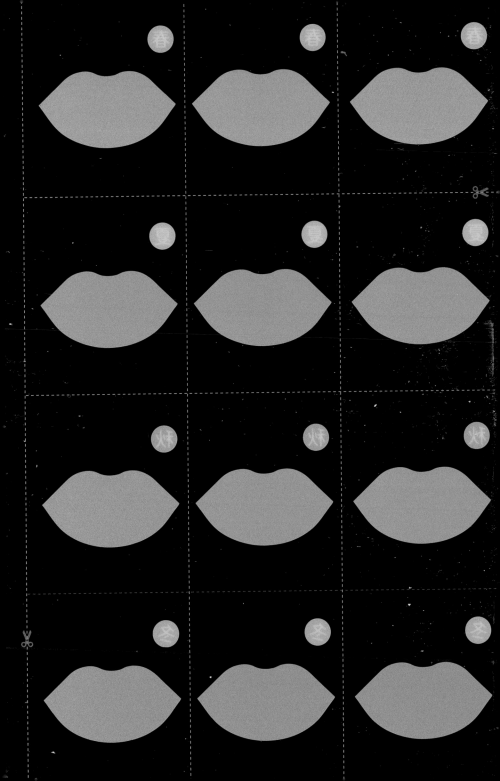

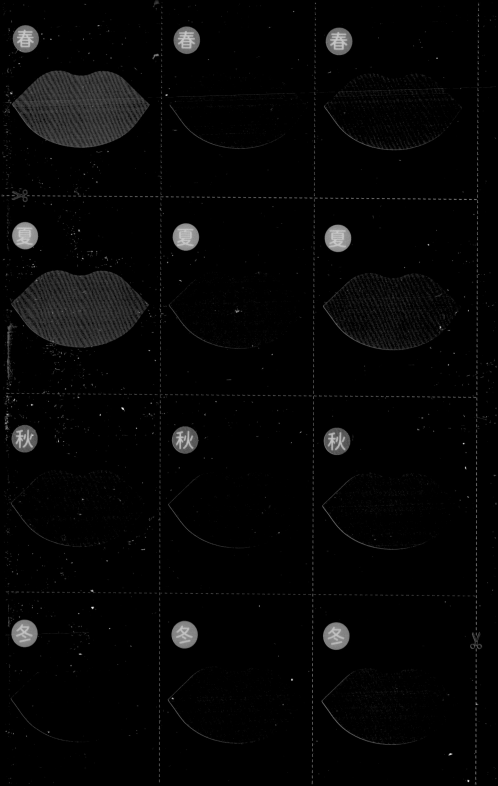

✔ 適合的「金屬」飾品色彩：

銀色及銀白色的白 K 金（White Gold）或有光澤感的「亮銀」色。

✔ 適合的「有色寶石」（礦石）：

藍虎眼、黑珍珠、黑瑪瑙、紫水晶、青金石、緬甸紅寶石等。

紅寶石

黑碧璽　　　紅紋石

青金石

做一位「好色」之人！

生活當中的一切與色彩息息相關，請當自己的色彩魔法師，做一位「好色」之人！確立了自己的靈魂核心之色後，購衣時便利用對的色彩去做調整，讓自己在人前盡情展現，做一個「出色」的人！

適合的顏色和自己喜歡的顏色不一致怎麼辦？

診斷出自己的「命定好感色彩」類型，知道適合自己的美人色之後，或許你從小到大喜歡的顏色，或者一直以來認為適合自己的顏色，經過以上測色，有可能翻盤，結果可能是你想也想不到，或是不擅長、很少穿，甚至討厭的顏色也說不定。你拒絕的顏色與拒絕你的顏色，宛如戀愛一樣，你愛的不見得適合你，你不愛的也許是最適合相守一生的人。當然，若是適合你的色調，剛好又是你一直以來喜歡的或你常穿的顏色，那麼恭喜你！表示你早已找到了自己 DNA 的色彩之魂，了解自己的「命定色」了！

喚醒色感 —— 找出自我色彩偏好 & 色彩偏見

一直以來我們對於某色系的偏愛，有可能來自從小到大的成長環境、家庭背景、教育框架、性別意識、自我執念、感覺偏好、個人視覺美感、配色情緒、年齡限制等等複雜的因素，因被無形的制約影響心理層面，而偏向及特定喜愛某色，或拒絕、抗拒將某種顏色穿上身……。總之，喜歡什麼又厭惡什麼色，其實大家可以檢視自己的衣櫥，即可一目瞭然！找出自我的色彩偏好與色彩偏見，與自我的命定好感色彩做整合重整，也可順便校正自己的色彩偏見！

妨礙色感的兩個執著

執著一：色彩偏好

· 特別喜歡某色？
· 特別厭惡某色？

我在教學的過程中，發覺色彩的偏好會隨年齡層而走向不同！年齡層較輕的學員們，鍾愛暗色系，尤其認為「黑色」百搭且看起來又酷又顯瘦；而熟齡的學員們，則偏愛明亮色系，據她們的說法是這樣看起來「人

會比較亮」！這真是有趣的現象，比方說對「白色」的聯想，年輕的學員會想到新娘白紗或白馬王子、和平白鴿等美的意象之浪漫連結，而熟齡學員則對白色有不耐髒、虛弱、生病、醫院白床單、葬禮等聯想，產生哀傷連結。不同的年齡層，對於色彩的偏好與情感寄託也會有所差異，形成了色彩心理學。但暗黑色系真的適合年輕族群來駕馭嗎？年紀大只能穿淺色系才能彰顯光采嗎？建議大家可以打破年齡的框架限制，依「個人命定好感色彩」四季類型為基底，思考你個人的配色，比方說黑色系較適合屬 Blue Base 冷色系的人（Color Types 屬夏、冬型的人）來駕馭，能讓整體氣色更顯透亮白皙，若黑色系穿在 Yellow Base 暖色系的人（Color Types 屬春、秋型）身上，則臉色較顯髒濁及暗沉，所以關乎自身的命定好感顏色，跟年齡層無關，切勿掉進自我設限的色彩偏好陷阱裡。

· 固有觀念：經驗左右感覺

· 性別二分法：男生還是女生？

　　從小到大我們就被性別二分，男女用色從嬰兒期就開始被制約，過去的成長教育與背景環境造就固有的用色觀念，所以我在幫服裝品牌的店長做內訓時，就會告知他們，當家長來買童裝時，無須多問是男童或女童；現在是無性別的世代，女孩能穿海洋中性藍，男孩也能選溫柔的粉白，不要被固有的色彩偏見，框住了我們對色彩的想像與創意。

▌魅力決戰 完勝由色彩來決定！

　　從你的命定色彩類型，知道適合你的專屬魅力色：

（一）以下為四 Types 適合的顏色、指彩推薦。

紅色系

■ Yellow Base

Spring
春
番茄

Autumn
秋
磚瓦

■ Blue Base

Summer
夏
覆盆莓

Winter
冬
紅酒

粉色系

- Yellow Base

Spring 春

水蜜桃

Autumn 秋

火腿

- Blue Base

Summer 夏

粉色太陽花

Winter 冬

火龍果

紫色系

■ Yellow Base

Spring
春

三色菫

Autumn
秋

茄子

■ Blue Base

Summer
夏

薰衣草

Winter
冬

藍莓

藍色系

- Yellow Base

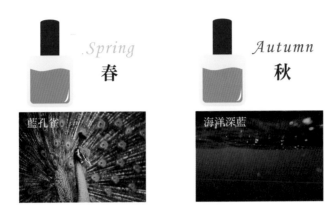

Spring
春

藍孔雀

Autumn
秋

海洋深藍

- Blue Base

Summer
夏

天藍色

Winter
冬

台灣藍鵲

棕咖色系

- Yellow Base

- Blue Base

橙色系

■ Yellow Base

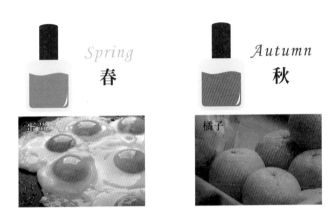

Spring
春
蛋黃

Autumn
秋
橘子

■ Blue Base

Summer
夏
玫瑰寶貝粉

Winter
冬
嬰兒粉

藍綠色系

- Yellow Base

Spring
春

青蘋果

Autumn
秋

抹茶

- Blue Base

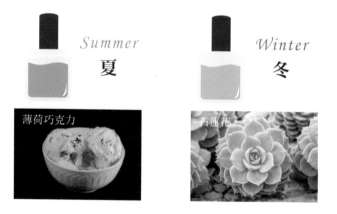

Summer
夏

薄荷巧克力

Winter
冬

石蓮花

奶茶裸色系

■ Yellow Base

Spring
春

營養餅乾

Autumn
秋

黃豆粉

■ Blue Base

Summer
夏

奶茶

Winter
冬

乾燥玫瑰花

（二）四 Types 顯美的彩妝品

　　只要找到適合自己的妝容色，就可以畫出最適合自己膚色調的妝容，打造與眾不同的你！

▪ 春季型適合的彩妝

▪ 夏季型適合的彩妝

■ 秋季型適合的彩妝

■ 冬季型適合的彩妝

（三）四 Types 適合的髮色

▪ Yellow Base：像蜂蜜、咖啡帶黃的黃棕色

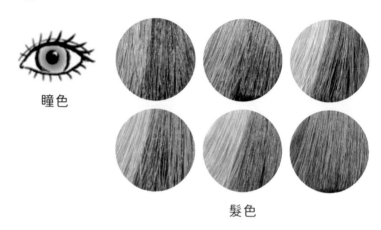

瞳色

髮色

瞳色

髮色

■ Blue Base：像楓糖漿、紅茶的帶紅的紅棕色

夏

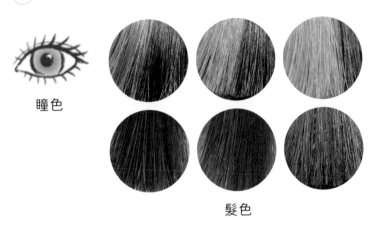

瞳色

髮色

冬

瞳色

髮色

魅力決戰 —— 色彩是秘密武器

　　美女的究極進化，色彩是祕密武器，用對色能襯托人的個性和魅力，使神采奕奕而變得美麗；反之，小覷色彩可能會讓你面如槁灰、醜到極致。請確立自己的靈魂核心之美人色後，購衣時利用「對」的色彩去做調整購買，讓自己在人前盡情展現，做一位「出色」的人！所以關於於用色，對那些色彩辨識困難與配色遲鈍的人來說，需先破除一些致命的色彩迷失：

色彩迷失（1）

　　人們常說的百搭色 —— 黑與白，真的適合你嗎？

· 黑色顯瘦？
· 白色好搭？

　　黑色物體看起來是黑色的，是因為光線幾乎被物體「吸收」，所以看起來暗暗的；白色則是因為光線幾乎被物體「反射」，所以看起來明亮。低明度的黑色，會讓人的視覺感覺收縮，但若要單靠偏暗的黑來顯瘦，則需要靠整體的顏色配色來做穿搭調和，才能達到視覺上的顯瘦，否則試想一下，若穿著全身黑，不僅看起來憔

悴蕭條，如此想顯瘦不成倒像烏雲密布，反而看起來貧弱老氣。說到底，黑色因明度最低，能襯托任何色，使其他色看起來更燦爛，但也因顏色重，對臉上失去膠原蛋白光澤的熟齡者來說，其實是不太好駕馭的顏色，故相對於人們認為的百搭黑，反而更推薦明淨白比穩重黑要來的更好。怎麼說呢？白色因為明度最高，看起來最清亮，若把白色用在上半身的上衣，不但可以直接打亮臉部的明亮度，更可間接讓臉部細紋不明顯且看起來有朝氣、有活力；若把白色用在下半身，則看起來身形俐落且節奏明快。所以當不知要配何色時，建議把白色搭進來，即是萬無一失、零失誤的高端配色。

白色是一個值得讚許的百搭色，也是我很喜愛的用色，但台灣人普遍認為白色容易弄髒，有這種想法不意外。不像日本品牌很愛上市白色商品，夏天必備的白色包包、白襯衫、白帽、白鞋，連冬天也會出白色的長大衣、白羽絨衣，再搭配雪花飄飄，白與天連成一片雪白的浪漫畫面，令人嚮往啊……。而營造清潔感的白色，它是一個大家族，有分偏黃與偏藍底調的各式白色，屬 Blue Base 冷色系的人（Color Types 屬夏、冬季型的人），適合冷色調的白，如特白（Off White）、雪

白、漂白、灰白等，而 Yellow Base 暖色系的人（Color Types 屬春、秋季型），適合暖色調的白，如象牙白、米白、奶油白等帶黃底調的白色系。當您知道自己是什麼色彩季型，一旦穿對了我們色彩季型範圍內的白，白色自然能真正地成為「百搭色」，您會知道自己穿什麼白最好看，什麼白最適合自己，再去搭配屬於自己色彩季型範圍內的任何顏色，這才是白色作為「百搭色」的內涵所在。

色彩迷失（2）

全身配色不超過三種顏色的理由？

眼睛只對「顏色」有直接反應

人的眼睛比起款式、設計細節，更會對「顏色」有直接反應與注意。很多人都知道全身上下的整體配色（包含配件、包包、鞋子）最多以不超過三色為好，因身上太多顏色，反而缺乏主題色，讓人眼花也撩亂！

如何減色？

· 若以多色圖紋印花上衣為例：下身顏色可選擇上衣底色同色系或挑選上衣花色中也有的其中一色來搭配，可更具整體性。

· 以日系品牌夏天必推的定番品「白底藍條紋衫」，建議下半身單品可選擇視覺上「融為一體」的藍色丹寧褲來搭，又或者是「對比清晰」的白色長褲，也可以顯得年輕、俐落有勁。

· 鞋最好與下半身色系一致或相近色：如黑色褲＋黑色鞋，顏色流暢一致，下半身連成一氣，使腿看起來更修長；或卡其褲＋米色鞋，顏色相近也算同一色系。若能再配上同一色系的包包，又可以再少一色，身上的色數量減少了，人也會看起來簡約大方。

▍讓色彩成為造型的決定力

　　找出最適合自己的「命定核心色系」範圍，並善用色彩塑造自己的特 「色」，不但能提升個人形象之魅力，在茫茫衣海中，更能快速地選出適合自身調和之色的衣服。另一方面，若能將色彩傳遞的情感和象徵意義，與理想中的自我形象做結合，將能夠更接近「理想中的自己」！不論時尚的風潮如何翻轉，嚴選適合你的顏色，讓顏色成為你的好夥伴，協調性地運用色彩，一定會讓你更亮眼、表情更生動。

附錄 Q&A

1　個人偏愛黑色系衣服，但「個人命定好感色」Color Type 卻屬暖色系的人，我不想捨棄鍾愛的黑色系，請問穿搭要如何改變較好呢？

答：可以將黑色挪到下半身。靠近臉部區塊的上衣或配件（如耳環、眼鏡、項鍊、圍巾），建議還是以命定核心色「暖色系」來搭配為佳；離臉部較遠的下半身，則可以搭您喜歡的冷黑色系。

2　我是一位個性灑脫的人，喜愛襯衫的中性風格，由於適婚年齡到了，想要增強女性魅力，請給我一些用色建議。

答：在不違背妳天生率性的中性特質外，建議你挑選襯衫時先從選色入手，如常穿的潔淨白可改挑輕柔的嬰兒粉，襯衫材質可從常見的棉麻選擇，改為絲質，更能增添女性光澤。

3 未測色前因為不知道自己的命定色，衣櫃內盡是不適合的顏色，但現階段又捨不得丟，因為還是喜歡且有些是名牌高價品，該怎麼辦才好呢？

答：有兩個重點可以把「不適合」的顏色穿得漂亮：

1. 全身穿搭：增加命定色的穿衣配色面積，將不適合的顏色單品縮減為一件：

   例：「套裝穿搭」➡上、下套裝為適合的顏色，內搭上衣則可以使用現有不適合的顏色，減少面積比。

2. 在臉與上衣之間，搭上適合命定色的項鍊或圍巾，做一界線隔開。

塑造理想形象

做一個了解自己的人，便是自己最好的造型師！

　　現今已是人在家中坐，動動手指便可買到來自世界各地的衣著，從平價快時尚到高價品牌，目不暇給一應俱全，逼著世人無止盡地追尋與購買。但流行只是一種現況，追隨之前，首要先了解自己的時尚基因，若只因為模特兒長得漂亮，別人穿得美，就帶著對美麗的憧憬而衝動購買；造成因「穿的人」不同，相貌臉型氛圍不同、骨架身形也不同，同款的衣服「穿不對身」，收到商品時產生極大落差感，當然會哀嘆「怎麼差那麼多啊……」，白花錢買錯誤經驗。但相反的若單純的認為，只要有像模特兒一樣的好身材，無論穿什麼都會好看的想法，也是不正確的，該注意的不是身材好壞，而是擁有穿搭能力的「個人風格」。究竟該如何打造屬於個人的風格，從現在開始，請配合你的「臉型」印象及「骨架身形」與自身「命定色彩」，針對自己的時尚整體風格好好思考一下。

專屬您的形象顧問
衣 Q 形象打理交給專家來搞定！

　　若仍陷入「面對滿堆衣服不知道自己該穿什麼？」「覺得自己穿什麼都不適合？」「究竟什麼衣服可以買？什麼衣服不能買？」等，在穿著打扮上出現許多煩惱，或有打扮低潮、撞牆期的女性同胞們，可全權交給「形象顧問」專家來打理，也是另一參考的途徑。由專家幫你測色，找出你的 DNA 好感色彩、臉型診斷與骨架分析後，再依照您個人的診斷結果提出整體形象之提案，又或者你仍在時尚低階班游移，陷入到底選什麼色、選什麼款好的迷離中，形象顧問也有上街「陪同購物」之貼心服務，教會你在生活中挑選自己的衣物並嘗試美好新造型，讓你錢花在刀口上，美麗無失誤。

　　專業的形象顧問服務，能帶給你：

1. 在較短的時間內，讓你的購物行爲更具目的性，協助買到最適合自己的東西，也是避免浪費的最佳方法。

2. 在專家的指導下，全面掌握按自己色彩季型和款式風格來選擇商品，提升正確選品的能力。

3. 可以立即性獲得現場綜合形象指導並嘗試新造型，體現穿搭的樂趣。

4. 獲得專家對品牌市調的結果並套用在實用的逛街品牌口袋名單。

時尚斷捨離，該是整理衣櫃的時候囉！

了解自身的色彩、臉型與骨架，是否已開啟了您蠢蠢欲動的時尚魂了呢？接下來 Keep 這一股氣，來檢視爆炸的衣櫃吧！一鼓作氣著手整理手邊已過「賞味期限」衣服的時候到囉！

如果您還陷在那也捨不得丟、那日後會用到、那已陪伴我很多年、那件衣服超級貴、等我瘦下來就可以穿了等等……一堆丟不得的理由，而無法決定它的去處時，我在東京近藤麻里惠老師（日本超級收納女王）所主導的「日本ときめき片づけ協会」所開催的體驗整理課中，得到一個概念很重要，非常值得分享給大家，就是「要丟掉之前，還不如先想您要留下什麼」？哪些該斷、該捨、該離，在捨與捨不得之間困難擺動的，那就聞聞它、抱抱它，看對它是否仍有砰然心動的感覺？若無，那就「謝謝它、放下它、然後處理它」。

以上，只要經歷了那些階段，斷捨離就沒那麼困難了，想必煥然一新的衣櫥，也會為你帶來了新的人生運轉。

永遠的年紀、永恆的風格、優雅一世人！

　　人一生的時間與金錢都有限，但追求時尚終其一生沒有終點，美國設計師凱特‧絲蓓（Kate Spade）曾說：「打扮很有趣，該從五歲就開始，而且永遠沒有終點」。服裝並非只有「穿戴」在外的功能，對人一生的影響淵遠流長，藉由服裝可以看見世界經濟的縮影，也能展現自我並定義時代，更可以創造衣裳文化風華，是一門值得我們女性終身學習的好玩學問，期待大家在各人的「人生服裝史」上，自在行走於美的康莊大道上，創造永遠的年紀、留駐永恆的時尚並優雅一世人！

參考書目

1. 顔タイプ診断で見つかる本当に似合う服　岡田実子　かんき出版

2. 骨格診断 x パーソナルカラー本当に似合う Best アイテム事典　二神弓子 西東社

3. はじめてのパーソナルカラー　トミやママチコ Gakken

4. 役に立ちパーソナルカラー　トミやママチコ Gakken

穿搭圖片提供

P215、219、223 佢商名品 GIORGIO SEDRA

臉型診斷×骨架身形×命定色彩：
專業形象顧問告訴你適用一生的不敗穿搭術

作者	劉怡君
責任編輯	陳姿穎
內頁設計	江麗姿
內頁插畫	黃必萱、劉怡君
封面設計	任宥騰
飾品協力	平洲翠、金璽珠寶精品、林逸詩珠寶設計工作室、Galeire、作者私物
3D人體	Browzwear Solutions Pte Ltd.
行銷專員	辛政遠、楊惠潔
總編輯	姚蜀芸
副社長	黃錫鉉
總經理	吳濱伶
發行人	何飛鵬
出版創	意市集

發行　英屬蓋曼群島商家庭傳媒股份有限公司
城邦分公司
歡迎光臨城邦讀書花園
網址：www.cite.com.tw

香港發行所　城邦（香港）出版集團有限公司
九龍九龍城土瓜灣道86號順聯工業大廈
6樓A室
電話: (852) 25086231
傳真: (852) 25789337
E-mail: hkcite@biznetvigator.com

馬新發行所　城邦（馬新）出版集團
Cite (M) Sdn Bhd 41, Jalan Radin
Anum, Bandar Baru Sri Petaling,
57000 Kuala Lumpur, Malaysia.
電話: (603) 90578822
傳真: (603) 90576622
E-mail: cite@cite.com.my

展售門市	115 臺北市南港區昆陽街16號5樓
製版印刷	凱林彩印股份有限公司
初版一刷	2024年3月
ISBN	978-626-7336-66-3
定價	480元

客戶服務中心
地址：115 臺北市南港區昆陽街16號5樓
服務電話：（02）2500-7718、（02）2500-7719
服務時間：周一至周五9：30～18：00
24小時傳真專線：（02）2500-1990～3
E-mail：service@readingclub.com.tw

若書籍外觀有破損、缺頁、裝訂錯誤等不完整現象，想要換書、退書，或您有大量購買的需求服務，都請與客服中心聯繫。

國家圖書館出版品預行編目資料

臉型診斷×骨架身形×命定色彩：專業形象顧問告訴你適用一生的不敗穿搭術/劉怡君著. -- 初版. -- [臺北市]：創意市集出版：英屬蓋曼群島商家庭傳媒股份有限公司城邦分公司發行, 2024.03
　面；公分
ISBN 978-626-7336-66-3(平裝)
1.CST: 女裝 2.CST: 衣飾 3.CST: 形象

423.23　　　　　　　　　112021467